HZ BOOKS

华章图书

一本打开的书，一扇开启的门，
通向科学殿堂的阶梯，托起一流人才的基石。

云计算与虚拟化技术丛书

Learning Serverless

A Hands-On Guide to Build,
Manage and Deploy
Serverless Applications

Serverless
从入门到进阶

架构、原理与实践

方坤丁 孙远高◎著

机械工业出版社
China Machine Press

图书在版编目（CIP）数据

Serverless 从入门到进阶：架构、原理与实践 / 方坤丁，孙远高著 . -- 北京：机械工业出
版社，2021.6
（云计算与虚拟化技术丛书）
ISBN 978-7-111-68255-4

I. ① S… II. ①方… ②孙… III. ①移动终端 - 应用程序 - 程序设计 IV. ① TN929.53

中国版本图书馆 CIP 数据核字（2021）第 094054 号

Serverless 从入门到进阶：架构、原理与实践

出版发行：机械工业出版社（北京市西城区百万庄大街 22 号 邮政编码：100037）			
责任编辑：韩 蕊		责任校对：殷 虹	
印 刷：三河市宏图印务有限公司		版 次：2021 年 6 月第 1 版第 1 次印刷	
开 本：186mm×240mm 1/16		印 张：18.25	
书 号：ISBN 978-7-111-68255-4		定 价：89.00 元	

客服电话：（010）88361066 88379833 68326294　　　　投稿热线：（010）88379604
华章网站：www.hzbook.com　　　　　　　　　　　　　读者信箱：hzit@hzbook.com

为什么要写这本书

2009 年，加州大学伯克利分校发表了一篇论文，预言云计算将是未来重要的技术趋势。十年后的 2019 年，该校对 Serverless 技术再次进行预测，认为 Serverless 技术是未来十年的技术趋势。Serverless 计算被认为是云主机、容器之后的第三代计算形态，而 Serverless 和云平台的结合，也让该技术得到了前所未有的延伸和迅速发展。那么，为什么业界对这项技术如此看好？ Serverless 究竟有什么魔力，能同时获得工业界和学术界的青睐呢?

笔者身为云计算行业的从业者，初识 Serverless 是由于工作原因。Serverless 相关产品是云平台服务的一部分，能够以解决方案的形式供客户使用，笔者也因此很荣幸地接触到了不同行业、不同需求的客户。在深入了解 Serverless 的过程中，笔者进一步感受到了 Serverless 概念之宏大，覆盖范围之广泛，便对这项技术产生了热情，并真正爱上了它。就如同所有改变世界的技术一样，这项技术在一定程度上实现了范式转变（paradigm shift）。就像在 200 年前，人们畅想出行未来的时候只能想到一匹跑得更快的马，而汽车横空出世，彻底改变了人们的出行方式。Serverless 技术在一定程度上通过弹性伸缩、按需付费等特性，赋能开发者和企业，通过降低成本、提升效率的方式，实现了云计算的革命和企业数字化的范式转变。

在 2019 年 10 月，全球最受欢迎的开源框架 Serverless 在国内率先支持了腾讯云的部署。作为第一批测试验收该能力的人之一，笔者犹记得使用 Serverless 命令行工具几秒钟就部署完了一个对象存储桶时那种奇妙的心情。通过用户友好的交互式页面和大量的默认配置，Serverless 框架结合云基础服务，真正实现了自顶向下的服务构建，改变了传统自底向上的思路，让开发者和企业可以更关注业务逻辑的实现，无须管理、配置和运维底层资源。这正是 Serverless 的迷人之处。

当然，Serverless 技术也并不是"银弹"，在上下游生态中，在开发到发布的整个生命周期中还有许多能力需要补齐，因此企业在技术选型的过程中往往要考虑优劣，选择适合自身场景的方案。但在技术选型时，选择一个面向未来、持续受到关注和发展的技术则是对企业非常有利的。笔者可以自信地说，长期来看，Serverless 技术绝对值得企业拥抱，值得开发者学习。

国内目前关于 Serverless 技术的参考材料和实战案例依然有限，因此，本书将结合云计算及 Serverless，通过阐述 Serverless 的技术原理、优势和特点，和读者一起探索为什么说 Serverless 技术是未来的趋势。此外，通过介绍 Serverless 架构包含的内容，让读者对该架构及上下游依赖有更加清晰的认识，并全面了解构建一个企业级完整 Serverless 架构所需的能力。最后，本书结合 Serverless 典型场景，带领读者基于 Serverless 架构实现具体的应用案例，从而在实践中感受这项技术的强大、便捷和易用。

读者对象

根据不同的场景和需求，推荐以下人群阅读此书。

❑ 大公司的开发、运维人员，ToB 方向产品经理和运营人员等。

❑ 前端工程师、全栈工程师。

❑ 云计算、SaaS 行业从业人员，如架构师、商务经理、售后支持人员等。

❑ 相关专业的高校学生和教师。

❑ IT 行业咨询师、分析师。

❑ 对 Serverless 感兴趣，希望独立开发应用的爱好者。

本书特色

❑ 完整介绍 Serverless 架构，内容涵盖腾讯、阿里巴巴、亚马逊等多个云厂商的产品，并对它们进行横向对比和分析。

❑ 知名云平台提供商腾讯云 Serverless 高级产品经理和高级研发工程师联合撰写，包含丰富的客户场景和最佳实践，可以为有相似需求的企业提供实战参考。

❑ 深入浅出地讲解 Serverless 技术的发展、原理和特性，针对 Serverless 中的 FaaS 和 BaaS 概念进行分析和介绍。

❑ 提供丰富的实战案例，覆盖 Serverless 典型应用场景，包括 SSR、AI、物联网等。

❑ 结合 Serverless 开源工具、上下游生态，打造完整的 Serverless 开发流程。不仅介绍了最受欢迎的开发平台 Serverless 框架，还提供了多种 CI/CD 解决方案，包含 Travis CI、GitHub Actions、Jenkins、Coding DevOps 等。

如何阅读本书

本书内容从逻辑上分为四个部分。

第一部分（第 1 章）Serverless 基础，主要介绍了 Serverless 的概念、发展历程、基本特点、应用场景、框架和生态，以及它为开发者、企业和云计算带来的作用和优势。

第二部分（第 2 ～ 4 章）Serverless 架构和原理，首先介绍了 Serverless 的整体架构，然后深入分析了 FaaS 层和 BaaS 层的底层原理。

第三部分（第 5 ～ 9 章）Serverless 开发流程，从上下游生态的视角讲解了如何开发和部署一个完整的 Serverless 应用，包括开发、调试、测试、部署、CI/CD、运维等，全生命周期的各个环节。

第四部分（第 10 ～ 15 章）Serverless 实战案例，涵盖了 Serverless 的典型应用场景并提供丰富的实战案例和最佳实践，包括如何将传统的 Web 服务迁移到 Serverless 架构、Serverless SSR 应用场景、全栈后台管理系统和基于热门语言 TypeScript 开发的短链接服务等。

第五部分（第 15 章）Serverless 趋势预测，首先介绍了当前学术界在 Serverless 领域的研究方向、重点以及取得的成果，然后介绍了伯克利大学对 Serverless 未来 10 年发展趋势的预测。

勘误和支持

由于作者的水平有限，编写时间仓促，书中难免会有一些错误或者表述不准确的地方，恳请读者批评指正。为此，我们创建了一个 GitHub 项目 https://github.com/yugasun/

serverless-book/issues，读者可以将书中的错误或者遇到的任何问题创建为 GitHub issue，我们将在线上为读者提供解答。书中的全部源文件除可以从华章网站（hzbook.com）下载外，还可以从 GitHub 下载。本书涉及的所有源码均在 GitHub 开源组织 Serverless Plus 中（https://github.com/serverless-plus），我们也会将对应的功能更新及时发布到 GitHub 上。如果你希望和作者进一步交流，可以发送邮件到邮箱 tinafangkd@qq.com 以及 yuga_sun@163.com。期待能够得到读者的真挚反馈，并在交流中与大家共同进步。

致谢

感谢肖雨浓、罗茂政、张浩、黄文俊、卢萌凯、李啸川、王俊杰、刘传、蔡卫峰等腾讯云的同事对我们提供的支持和指导，本书的内容和许多案例都源自腾讯云团队的经验积累。作为直面客户的平台提供方和一线开发者，腾讯云团队更能深切感受到行业发展之快，需求之强烈，腾讯云的存在也让 Serverless 行业更加繁荣，未来可期。

感谢机械工业出版社华章公司的编辑杨福川和韩蕊在这段时间对我们的支持，他们的帮助和指导让我们能够顺利完成书稿。

最后感谢所有在我们创作过程中提供支持和鼓励的亲人和朋友。

谨以此书献给广大 Serverless 的开发者和爱好者。相信我们每个人贡献出的微小力量，能够照亮 Serverless 的前路。

Contents 目　　录

第 1 章 Chapter 1

全面了解 Serverless

本章主要介绍 Serverless 的概念、产生、发展历程和优缺点，并介绍一些 Serverless 的典型场景和生态，为读者继续深入学习 Serverless 架构、原理和实战做铺垫。希望通过本章的学习，读者能对 Serverless 建立一个全面的认识。

1.1 什么是 Serverless

本节主要针对 Serverless 的概念进行分析和梳理，并举例说明 Serverless 的技术特性，帮助读者对 Serverless 建立一个初步的认知。

1.1.1 初识 Serverless

Serverless 一词中文经常译为"无服务器"。拆解来看，Server + less 即尽量减少服务器的份额。那么 Serverless 是否真的代表"无服务器"呢？下面我们来一探究竟。

分析维基百科里对 Serverless Computing 一词的解释，也许可以帮助我们对 Serverless

的概念有更好的了解：无服务器计算（Serverless Computing）又称为函数即服务（Function as a Service，FaaS），是云计算的一种模型。云服务商通过运行服务器，动态管理和分配对应的计算资源，最终以资源实际使用量来收取费用。

分析上述定义，我们可以得到以下结论。

❏ Serverless 并不是没有服务器。
❏ Serverless 的产生基于云计算。
❏ Serverless 具有动态扩缩、按需计费的特点。

首先，Serverless 并不是没有服务器，它只是将服务器的运维、管理和分配都托管给了云提供商。其次，正因为云提供商对资源进行了运维、管理和分配，才让 Serverless 的概念和云计算密不可分。最后，对于用户而言，集中的管理和运维开放出来的能力特性也十分明显：一方面，用户无须关注业务的扩缩容，云平台会根据请求实现底层资源的动态伸缩；另一方面，弹性的好处也反映在了计费方式上，Serverless 架构打破了传统的包年、包月或按小时付费的模式，真正实现了按用户的实际使用情况计费，更加灵活和友好。

Serverless 的意义不仅在于计算，也在于提供后端服务的 Serverless 化。如果把 Serverless Computing 称为 FaaS，那么和 FaaS 对应的则是 Backend as a Service（BaaS，后端即服务）。结合这样的架构，我们可以对 Serverless 做出定义。

Serveless 是基于云计算的一种模型，是"函数即服务"和"后端即服务"的总和。云服务商托管计算、存储、数据库等服务资源，进行动态的管理和分配，之后提供给用户，而费用则基于资源的实际使用量来计算。

1.1.2 Serverless 特性举例

为了更形象地说明 Serverless 的概念，我们通过一个例子进行对比。如今很多家庭购买私家车满足出行需要，这样做的好处是可以长期使用这台车，但是劣势也比较明显，比如需要进行定期维护和保养。近年来涌现许多汽车租赁平台，通过按日 / 月租车的方式，满足用户短期出行的需求。而近几年兴起的打车软件，则随需随用、只付路程费，能灵活满足各种出行需求。

以上 3 种出行方式分别对应业务架构中的物理资源独占、虚拟机和 Serverless。物理资源独占就和私家车一样，可长期持有，但需要投入人力持续运维；云平台的虚拟机类似于租车平台按日 / 月进行租车的方式，使服务更细粒度，但无论在租车期间是否持续用车，依然会按照租车时间进行收费（即按量计费），并且需要在租车期间对车辆进行维护；Serverless 对应的则是打车软件的出行方式，其特点也是类似的，仅在用户坐车时收费，真正做到按需计费，无须对车辆进行管理和运维。

1.2 Serverless 的发展历程

本节主要分析 Serverless 的产生和发展趋势，让读者对 Serverless 的发展历程有更加清晰的认识。搜索引擎中关键词 Serverless 的热度可以很好地反映 Serverless 的技术趋势。图 1-1 展示了 Serverless 这个关键词过去 5 年在谷歌的搜索热度。可以看到，2015 ～ 2020 年，随着云计算技术的发展和逐步成熟，Serverless 的搜索趋势有着爆发式的增长。

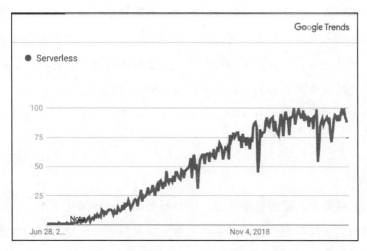

图 1-1 谷歌搜索 Serverless 关键词的趋势图

1.2.1 Serverless 的产生

1. 产生背景

随着数字化、信息化的发展，产业互联网进一步渗透到人们生活的方方面面。各行各业逐步和科技紧密结合，通过交付软件提供服务，诞生了餐饮和外卖/点餐系统的结合，出行和打车系统/乘车付费软件的结合等。企业对于软件的需求越来越旺盛，提升软件开发效率、降低软件开发和部署的难度成为开发者持续的追求。基于上述目标，技术的变革和更新从未停止。

2. 软件开发的演变史

说起 Serverless 的发展历程，可以先看 Serverless 出现之前传统软件架构的组织形态，便于我们更好地理解为什么 Serverless 是云计算的革命和趋势。

（1）物理机时代

早期服务通过物理机的方式提供。物理机本身的交付周期长，扩缩容不够灵活，还需要专门配备运维人员提供系统的安装、维护、升级等服务。在这种情况下，部署的最小单元就是物理服务器。

（2）虚拟机时代

随着企业不断提高对软件开发效率的要求，越来越多的企业通过虚拟服务器提供服务。虚拟机基于物理服务器集群，通过对物理机进行虚拟化的方式提供服务。这种方式让用户摆脱了硬件运维，可以更多地关注系统、软件的升级和业务开发。同时，虚拟化的方式让故障迁移变得更加容易，在系统出现故障时可以将虚拟机从一台物理机群迁移到另一台。典型的虚拟化技术有 XEN、KVM 等。在这种情况下，业务部署的最小单元为虚拟机。

（3）容器时代

虚拟机依然需要用户提前预留资源，而容器技术进一步简化了用户的使用门槛。容器可以将系统内的依赖打包，提供可移植、相互隔离的运行环境。跟随容器也衍生出了非常多的调度、编排工具，Docker 就是典型的容器技术。在这种情况下，业务的最小部署单元为容器。

（4）Serverless 时代

如果说在容器时代，资源依然需要预留和维护，那么在 Serverless 时代，底层资源被进一步抽象，服务提供商屏蔽了容器的分配和扩缩容，给客户提供代码托管和运行的平台，即 FaaS 服务。在这种情况下，业务的最小部署单元为单个函数，并且可以按需使用和付费。

不同时期的软件开发、架构实现方式的变化如图 1-2 所示。

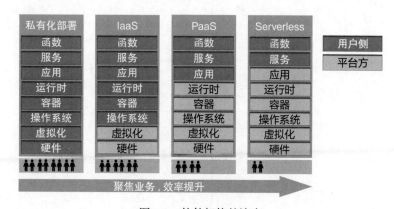

图 1-2　软件架构的演变

从图 1-2 可以看出，随着软件开发架构的演变，用户需要关心的部分越来越少，由供应商承担的部分越来越多。在 Serverless 架构下，用户仅需要关心业务实现，而操作系统、虚拟化和硬件层面的实现则全部交给服务商统一维护，达到了提高软件开发 / 交付效率、降低成本（资源成本、人力成本）的目的。

1.2.2　Serverless 发展里程碑

追本溯源，Serverless 概念至今已有 10 年的历史，并且伴随着云计算的发展而逐步成熟。图 1-3 梳理了一些 Serverless 发展历程中的里程碑事件。

2006 年，伦敦的一家公司发布了名为 Zimki 的平台，该平台提供了端到端的

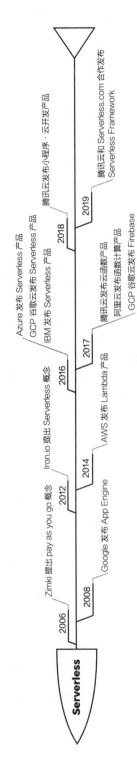

图 1-3　Serverless 发展里程碑

JavaScript 开发能力，并且最早提出了"Pay as you go"的概念，但在商业上并未取得显著成功。

2008 年，谷歌发布 App Engine 服务，用户的开发方式得到了根本的变革，无须考虑预分配多少资源，也无须考虑操作系统的实现。

2012 年，一家提供 DevOps 解决方案的公司 Iron.io 首次提出了 Serverless 的概念。

2014 年，AWS（Amazon Web Service）率先发布 Lambda 产品。这是首个落地的 Serverless 商业化产品。从此，Serverless 的概念逐渐进入大众视野，并开始为人熟知。

2016 年，Azure Function、GCP（Google Cloud Platform）以及 IBM Open Whisk 相继发布 Serverless 计算平台。

2017 年，腾讯云和阿里云先后发布了 Serverless 计算产品——云函数和函数计算；同年，谷歌 GCP 发布了 Firebase 产品，提供多端一体化开发的 Serverless 解决方案。

2018 年，腾讯云发布小程序·云开发产品，提供基于小程序的多端 Serverless 开发方案。

2019 年，腾讯云和 Serverless.com 达成战略合作，共同开发 Serverless Framework 产品，提供 Serverless 开发的一站式解决方案。

1.3　Serverless 的优缺点

O'Reilly 在 2019 年对 Serverless 领域用户的一项调研反映出了 Serverless 用户层的优势和不足。总的来说，Serverless 能够屏蔽底层资源烦琐的概念和运维等工作，让开发者和企业专注于业务逻辑的开发，从而降低成本、提升效率。但由于 Serverless 技术还在快速发展和上升的阶段，也面临着性能、平台、成本和安全等方面的挑战。

1. 优势

（1）节省资源成本

基于细粒度的计费模型，Serverless 的第一项优势是极大降低了资源成本，这也是许多企业将架构部署或迁移到 Serverless 上的重要原因之一。

（2）节省人力成本

除了节约资源成本，对于企业领导而言，Serverless 能够有效节约人力成本，将人力从机器资源配置、运维中释放出来，专注于业务的开发和实现，从而极大提升开发效率，减少进入市场（Go To Market，GTM）的时间。这是 Serverless 架构受到个人开发者欢迎的原因之一。

（3）弹性扩缩容

基于 Serverless 架构动态分配资源的特性，Serverless 应用可以根据业务的实际请求弹性扩缩底层资源，起到削峰填谷的作用，十分适合有突发请求的业务场景。

（4）免除运维烦琐

Serverless 架构可以有效免除运维的烦琐工作，但这里并不是说 Serverless 就不需要运维了。恰恰相反，Serverless 可以让运维从"资源运维"转为"业务运维"，从而更好地优化业务，提升软件开发效率。

2. 不足

（1）厂商绑定

由于 Serverless 架构托管在云端，很多企业担心出现厂商绑定的情况，即业务部署在单一厂商后，过于依赖该厂商的架构和规范，耦合度高，难以迁移或进行多厂商部署。

（2）底层不透明

Serverless 的底层调度对于用户来说是黑盒，因此大大增加了测试/调试的难度。同时基于云端的 Serverless 开发方式也和传统的开发方式有一定的差异。由于链路的不透明性，在业务遇到故障时，排障也变得更加困难。

（3）花销难预测

Serverless 架构按需付费特性的另外一面是在遇到攻击等突发异常流量时，可能会造成难以预测的较大花销，因此对架构做安全防护 / 过滤策略也是必要的。

（4）性能

基于 Serverless 计算中按需分配的资源模型，Serverless 架构可能出现首次请求"冷启动"的情况，对于性能要求较高的架构，需要做进一步的优化。

（5）安全

Serverless 架构可以让开发者更专注于业务，但开发过程中的数据安全、传输安全也需要投入更多的关注，并且链路之间的安全性也需要进一步配置。

1.4　Serverless 的应用场景

Serverless.com 公司在 2019 年的一份调研报告表明，Serverless 当前的典型使用场景可以归纳为以下几种。

1. RESTful & GraphQL API

调研表明，RESTful API 的 Serverless 应用场景占比高达 70%，REST（Representational State Transfer，表现层状态转移）的主要作用是为 HTTP API 提供通用的访问格式和规范，让其更易理解，更加通用。由于 API 的增删改查（CRUD）操作是通过触发实现的，和 Serverless 架构的实现天然匹配，并且适用于弹性扩缩容，因此很多企业通过 Serverless 架构提供 RESTful API 服务。

2. Web 框架支持

因为 Serverless 具备弹性扩缩容的特性，所以也适合搭建 Web 框架提供服务。不同开发语言的 Web 框架都可以支持 Serverless 部署，例如 Python Flask、Node Express.js、Next.js、PHP Laravel 等。但由于 Serverless FaaS 层事件触发、无状态的特性，针对 Web

框架的支持需要一定的适配成本，可以通过中间层来实现，这部分内容在后续章节的实战中也会详细说明。

3. 数据管道——流数据处理

在流式消息处理的架构中，如果要对流数据做一些分析和处理，可以采用 Serverless 架构。通过队列中的消息 / 日志等触发函数的计算平台，对数据进行处理后再次投递到后端做备份存储和离线分析，Serverless 的计算节点可以很好地根据数据量大小扩缩容，并且无须考虑节点的运维。

4. CI/CD 流程自动化

持续集成（CI）和持续部署（CD）是 DevOps 的核心概念，利用 CI/CD 流水线可以很好地实现测试 / 发布自动化，降低错误率，提升软件开发效率。而 Serverless 通过事件触发能力，可以完整串联构建、测试、部署的流程，实现自动化的 CI/CD 流水线。

5. 物联网

物联网具备事件触发的特性，Serverless 非常适合作为物联网设备后端，处理物联网设备的消息，例如智能音箱触发语音指令、摄像头图片的处理和转储等。

从上述场景也可以看出，这些典型应用都充分利用了 Serverless 架构的优势和特点，即弹性伸缩、事件触发、无状态等。后续的章节会对 Serverless 架构做进一步解析，通过实战案例帮助读者更好地理解这些典型的应用场景。

1.5　Serverless 框架和生态

如图 1-4 所示，根据 CNCF 发布的 Serverless 全景图，可以清晰地看到 Serverless 的层级、框架和生态构成。

CNCF 对 Serverless 生态的定义分为以下几个层级。

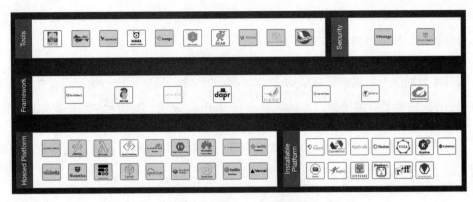

图1-4　Serverless全景图

❑ 工具（Tools）：主要包括补齐 Serverless 周边能力的工具，例如提供监控、排障能力的 Dashbird 和 Thundra 等。

❑ 框架（Framework）：主要包括部署 Serverless 资源的成熟框架。框架通常遵循某一套规范（如 YAML 规范）对资源进行抽象描述，通过框架可以进一步降低 Serverless 的使用门槛，开发人员可以快速开发、构建 Serverless 应用。主流的框架包括 AWS SAM、Serverless Framework 等。

❑ 托管平台（Hosted Platform）：主要指云服务商提供的产品化 Serverless 计算平台。这类平台提供计算资源的完全托管，同时会进行商业化的计费。例如 AWS 的 Lambda、腾讯云的 SCF（Serverless Cloud Function）等。

❑ 开放平台（Installable Platform）：主要包括开源的 Serverless 平台，可以提供私有化的安装和部署，支持灵活定制，例如 Apache OpenWhisk（IBM Cloud Function 基于该开源版提供服务）、Knative 和 Kubeless 等。

❑ 安全（Security）：该分类下的产品主要为 Serverless 提供安全相关的解决方案，例如 Protego Labs 等，提供从 Serverless 应用到运行时层面的安全防护，如持续的漏洞扫描、攻击检测、权限控制等。

1.6　本章小结

本章主要介绍了 Serverless 的概念和特性，帮助读者对 Serverless 建立初步的了解，并对其特点有一定的认识：Serverless 是 FaaS 和 BaaS 的结合，基于云计算而生，它的特征是弹性扩缩、按需付费。

通过本章的学习，读者可以了解 Serverless 的概念、发展历程和优缺点，并且初步认识 Serverless 的典型应用场景，为后续学习 Serverless 原理、架构和实战提供知识基础。

云计算的发展，本质上就是通过聚合资源、托管底层实现，给用户提供更加便捷的能力。而 Serverless 的出现，则是云计算领域的一次深刻变革。

第 2 章 *Chapter 2*

Serverless 架构

本章将重点介绍 Serverless 架构的组成，并将典型的 Serverless 架构和传统服务架构进行对比，之后分别介绍 FaaS 服务的架构和典型 BaaS 服务的分类。通过本章的介绍，读者可以全面了解 Serverless 架构的细节，对 Serverless 和传统架构的区别有更加清晰的认识。

2.1 Serverless 架构概述

本节主要介绍 Serverless 架构的组成，并对 Serverless 架构和传统服务架构的区别和对应关系进行分析。

2.1.1 Serverless = FaaS + BaaS

根据第 1 章的介绍可知，Serverless 包含了 FaaS 和 BaaS 两部分。为了更好地区分 FaaS 和 BaaS，我们对构建一个软件应用所需的服务进行分析，如图 2-1 所示。

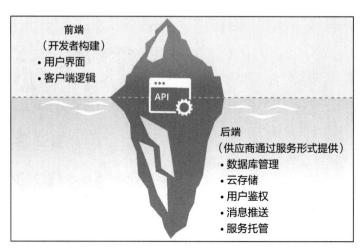

图 2-1　构建应用所需的前后端服务划分

由图 2-1 可知，应用的前端服务更多是用户可见的，例如应用的界面、交互逻辑等，这些主要通过业务实现的 API 提供。而用户无法看到的后端逻辑部分则更为复杂，例如数据库的管理、数据的存储、用户鉴权逻辑、应用的推送，甚至静态资源加速等优化能力，都算作后端服务。这些复杂的后端逻辑构成了用户前端的体验，并且为软件提供稳定、高可用的服务。

回到 FaaS 和 BaaS 的概念区分，FaaS 服务主要提供了计算相关的平台，用于实现应用的业务逻辑；而 BaaS 服务则更多侧重冰山底层的能力，例如数据库服务、存储服务、鉴权服务等。图 2-2 中对典型的 FaaS 服务和 BaaS 服务进行了划分。

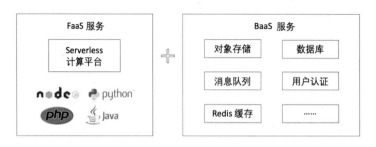

图 2-2　典型的 FaaS 服务和 BaaS 服务

一个完整的 Serverless 应用必然是 FaaS 服务和 BaaS 服务的结合，此外，该应用中所有

FaaS 服务和 BaaS 服务都是 Serverless 化的，即拥有弹性扩缩容、按需使用和付费的特点。

2.1.2 传统应用架构分析

在了解 Serverless 架构之前，我们先来了解，构建一个全栈服务，传统的架构应该是怎样的，如图 2-3 所示。

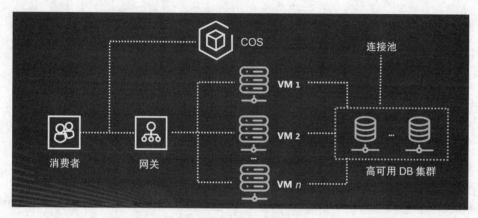

图 2-3 全栈应用架构

可以看到，在传统的服务架构中，需要考虑以下几个方面。

❑ 整体架构的高可用能力：单可用区故障时，是否具备容灾切换的策略。

❑ 接入层的性能和安全性：针对接入层，需要考虑其传输性能。例如支持静态资源的缓存、负载均衡、多地域接入加速等。此外，要考虑对请求进行安全加密，并针对业务场景提供用户鉴权等能力。

❑ 计算层扩缩容：在计算层，需要保证计算节点的资源分配、管理和弹性伸缩能力。例如，通过配置伸缩组，在突发流量时进行弹性扩缩容。

❑ 数据库层的性能和高可用：在数据层面，需要考虑数据库的主备。为了防止出现过多连接导致数据库慢查询等问题，需要针对数据库做连接管理，维护连接池，实现复用。

如上所述，实现一个完备的应用架构，需要一定的运维人力对架构进行管理和维护，有较高的学习门槛。

2.1.3　典型 Serverless 应用架构

与 2.1.2 节传统应用架构对应，典型 Serverless 架构如图 2-4 所示。

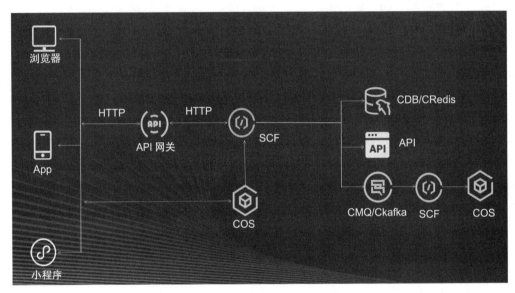

图 2-4　典型 Serverless 应用架构

因为当前架构全部运行在云端的 PaaS 服务上，所以架构本身的高可用性可以依赖对应的 PaaS 服务。进一步分析 Serverless 架构可以看出，用户通过多种客户端（Web 端、App 端、小程序端等）对服务进行访问，发起请求。

在接入层，通过网关服务对访问请求进行处理，并将请求转发到后端的 Serverless 计算（FaaS）节点中执行业务逻辑。在后端，可以连接多种多样的 BaaS 服务，例如涉及数据增删改查的业务，会在后端连接数据库、Redis 缓存等；如果需要调用其他服务，可以直接连接第三方 API 快速实现，如图片识别、文字翻译等；如果需要对消息进行批量处理或再次计算，可以在后端连接消息队列实现解耦，并再次调用 Serverless 计算（FaaS）节点。

对比传统的服务架构可以看出，Serverless 架构无须考虑底层的运维和调度，也不需要关心后端数据层的连接管理、复用等，为开发者提供了极大的便利，让其可以专注于业务逻辑的实现。

2.1.4 Serverless 架构与传统架构

为了进行更直观的对比说明，下面整理了 Serverless 架构和传统架构中服务的对应关系，如表 2-1 所示。

表 2-1 Serverless 和传统架构中的服务对比

服务类型	Serverless 架构	传统架构	说明
接入层	API 网关服务	Proxy 服务，如 Nginx	自己维护则需要考虑安全性、接入加速等方面的问题
计算层	FaaS 计算服务	服务器节点（物理／虚拟机）	需考虑运维和扩缩容能力
数据库	Serverless DB	数据库集群	需要考虑主备、连接池管理等
存储层	对象存储服务	对象存储服务	—
其他	第三方 API 服务，如 OCR	基于服务器节点调用的第三方服务	需要考虑承载第三方 API 服务节点的管理和运维能力

对比传统的服务架构，Serverless 架构在成本、运维上都有较为显著的优势，因此也越来越受企业和开发者的喜爱。

2.2 FaaS 架构介绍

本节主要介绍 FaaS 架构。FaaS 架构屏蔽了许多底层实现，可以让使用者更加专注于业务。总的来说，FaaS 架构帮助开发者做了下面几件事。

- ❑ 通过负载均衡进行请求调度和转发。
- ❑ 通过集群调度实现计算资源的弹性扩缩容。
- ❑ 对请求做错误处理。
- ❑ 安全隔离不同租户的资源。

这些优化策略分别对应了 FaaS 架构中的不同模块，本书后续将详细介绍这些组成模块以及请求在模块间的执行流程。

2.2.1 FaaS 架构组成

在通用的 FaaS 平台中，为了实现请求转发、扩缩容、租户隔离等能力，需要以下模块的支持。

- ❑ 负载均衡器：用于接收请求并转发到最近的后端服务中（往往适用于多地域、多可用区的部署方式）。
- ❑ 请求处理模块：用于接收和处理请求，区分同步和异步请求等。
- ❑ 计数器：用于计算并发请求，并调整实例的并发限制等。
- ❑ 实例（worker）：FaaS 架构中最核心的部分，为用户代码提供安全隔离、多语言支持的运行环境。
- ❑ 实例管理模块（worker manager）：用于调度请求到对应的实例中。通过追踪实例的状态（繁忙或空闲），针对状态信息分配请求，将请求调度到处于空闲状态的容器中。
- ❑ 资源调度模块：管理实例的资源池。在确保不影响用户业务的前提下，用最合理的方式创建或销毁实例，确保资源池内的实例资源充足、可复用。

2.2.2 FaaS 架构执行流程

为了让读者能更清晰地理解 FaaS 服务的运行原理，我们模拟在不同场景下一个请求进入 FaaS 平台被处理的全流程。在 FaaS 环境中已有可用实例的情况下，请求的执行流程如图 2-5 所示。

可以看出，在请求进入 FaaS 平台后，请求处理模块会在实例管理模块中查询是否有可用（空闲状态）的实例。如有空闲实例，则将对应的请求调度到该实例中。此时，如果实例第一次处理请求，则会执行初始化操作，加载业务代码。之后实例会执行分配的请求，运行用户代码并返回结果。

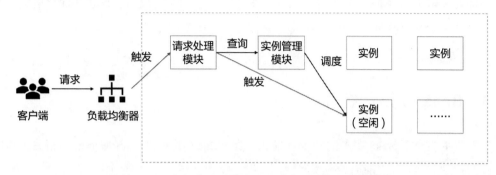

图 2-5　FaaS 架构中的请求处理流程图（有可用实例）

上述情况并不是一直存在的。当遇到业务请求突增，需要弹性扩容时，FaaS 环境中实例资源池不足，则新的请求会按照图 2-6 所示的流程进行处理。

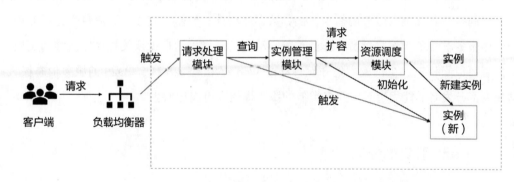

图 2-6　FaaS 架构中的请求处理流程图（无可用实例）

在业务突增的情况下，资源池中无可用实例。请求处理模块收到请求后，会先去实例管理模块查询是否有可用实例。如无可用实例，则去资源调度模块中申请扩容。资源调度模块会创建新的实例加入资源池。此时，实例管理模块会对新的实例进行初始化操作（创建运行环境、加载业务代码等）。初始化完毕后，新实例会执行分配到的请求，运行用户代码并返回结果。

分析请求的处理流程可知，因为 FaaS 平台屏蔽了许多底层的调度、扩缩容策略，所以内部的请求处理链路较长。尤其是在业务请求突增的情况下，需要通过资源调度模块分配实例，并且对实例进行初始化。这一系列处理流程太久，就会造成"冷启动"的问题，即首次请求到达 FaaS 平台延时过长。关于"冷启动"的成因、现状和优化措施，本书会在第 3 章详细说明。

2.3　BaaS 服务介绍

本节主要介绍 BaaS 服务的产生背景和分类。BaaS 服务和 FaaS 服务密切相关，都是 Serverless 架构的重要组成部分。

2.3.1　BaaS 服务的产生背景

随着 FaaS 技术的发展，开发者可以通过更便捷、更低成本的方式使用计算资源。随之而来的是对其他关联服务的需求，例如数据库服务、数据存储服务、消息推送服务等。当这些服务被抽象为按需付费、弹性扩缩容平台的时候，用户无须关心底层运维和实现，开发者可以更快速、更低成本地开发移动或 Web 应用。FaaS 结合 BaaS 的服务形态极大地拓展了开发者的能力边界，众多类似的服务提供商也应运而生。

2.3.2　BaaS 服务的分类

BaaS 服务的概念非常广泛，也有众多服务商提供不同类型的 BaaS 服务。BaaS 服务可提供一系列具备 Serverless 特点的服务端 / 后端能力，整体而言，可以分为以下几类。

❑ 接入层服务：和 FaaS 服务结合最紧密的 BaaS 服务之一，最典型的是 API 网关服务，通过提供 Serverless 的接入层，请求弹性伸缩，转发到 FaaS 服务进行处理。

❑ 登录 / 鉴权服务：提供便捷接入的登录鉴权服务，典型的如 AWS Cognito。

❑ 数据库服务：包括非关系型 NoSQL 和关系型 SQL 两种，并且符合 Serverless 的特征，即按需付费、弹性伸缩。Serverless 数据库不需要客户管理连接池、优化数据库性能，典型的关系型数据库如 AWS Aurora Serverless、腾讯云 PostgreSQL

Serverless；非关系型数据库有 AWS Dynamo DB 等。

❑ 存储服务：用于提供数据的存储，通常用来存储静态资源、视频、图片等文件，能起到加速访问的作用。典型的存储服务如 AWS S3、腾讯云 COS 对象存储等。

❑ 提醒推送服务：基于消息队列等技术，提供短信、邮件等提醒推送服务，无须用户应用搭建推送服务器，直接调用对应的服务 API/SDK 即可实现消息推送。提醒推送服务经常用于短信验证、业务告警提醒等场景。

❑ API 服务：通过调用多种 API 服务，提供成熟的应用解决方案，如基于图像处理、机器学习的图片识别、文字识别、基于自然语言处理的 NLP 对话平台服务等。这些能力极大地拓展了 Serverless 技术的覆盖边界，让全面 Serverless 化成为可能。

本书将在第 4 章对上述服务的原理进行详细说明，并结合实际应用场景，简单介绍一些产品化 BaaS 服务平台的使用方法。

2.4 Serverless 服务构建的思维方式

Serverless 技术的出现，极大地改变了传统的开发、运维方式，让应用的开发效率得到进一步提升，软件的交付时间进一步缩短。与之对应的，在构建 Serverless 服务时，开发者的思维方式也要有相应的转变。最重要的一点在于，要将思路从自底向上转为自顶向下，如图 2-7 所示。

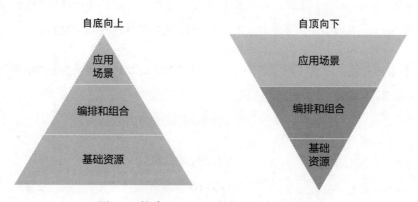

图 2-7 构建 Serverless 架构思维方式的转变

以全栈应用为例，传统的构建方式如下。

应用设计→容量预估→资源选型→架构设计验证→业务开发实现→测试及部署→应用交付

Serverless架构下的构建方式如下。

应用设计→选取对应模板→业务开发 / 改造→测试及部署→应用交付

在传统的开发模式中，要实现一个业务场景，开发人员会先思考架构所需的基础资源，逐步将这些资源组合、编排在一起，最终提供对应的功能模块，例如支付功能、登录功能等。而这样的思路意味着更高的技术门槛，并且容易偏离交付的方向。在Serverless架构下，开发者可以专注于业务实现，从应用实现的角度设计方案，并将基础资源的使用、编排和组合交给服务商实现。这种思维方式的转变，可以极大赋能开发者，让构建一个开箱即用的 Serverless 应用成为可能。

2.5　本章小结

本章主要介绍了 Serverless 架构的组成，并通过 Serverless 架构和传统架构的对比和模板之间的对应，阐述二者的区别和优劣。此外，本章拆解了 FaaS 服务的架构和请求处理流程，并对 BaaS 的产生背景、服务分类进行了说明，详解具体模块的构成。最后，通过阐述构建 Serverless 应用中思维方式的转变，为后续章节做好知识铺垫。

通过本章的介绍，读者了解了 Serverless 的架构组成及其与传统服务的区别，并对典型的 FaaS 和 BaaS 服务有了全面的认识。

Serverless 原理详解：FaaS 层

本章主要介绍 Serverless FaaS 层的组成原理，首先详细介绍 FaaS 层典型的事件模型、触发器、生命周期等内容；之后针对 FaaS 平台的冷启动成因及优化策略进行分析；最后介绍一个入门级实战案例，引导读者更好地理解 FaaS 架构，让读者对 FaaS 平台有更加直观的认识。

3.1　事件模型

本节通过介绍 FaaS 平台的几种事件模型（请求模型）及触发事件的结构，帮助读者进一步了解 FaaS 平台的执行原理及常见的触发器类型。

3.1.1　FaaS 事件模型

事件驱动是 FaaS 平台常见的编程模型。FaaS 事件模型主要由以下几个部分组成，如图 3-1 所示。

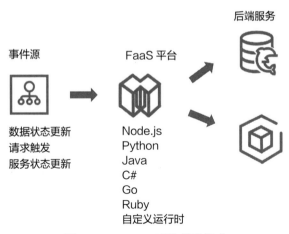

图 3-1 Serverless 事件模型组成

❑ 事件源：触发后端服务的事件。

❑ FaaS 平台：函数平台。

❑ 后端服务：包括广泛的服务，如数据库、消息队列、其他 API 服务等。

在 FaaS 平台中，通常将事件分为三类，如图 3-2 所示。

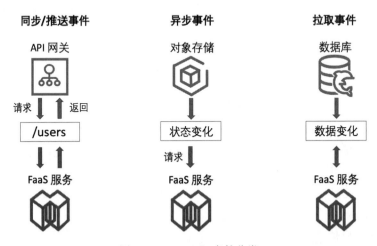

图 3-2 Serverless 事件分类

1. 同步 / 推送事件

在同步 / 推送事件模型中，通过一个请求触发函数，等待其返回函数的执行结果。

一个典型的例子是，当我们访问一个 API 网关结合函数组成的网站时，输入对应域名（发送请求）后，这个请求会收到一个 resp 的返回事件，也就是我们在浏览器中查看到的网页（返回执行结果）。

2. 异步事件

我们在对象存储中上传某个文件，或者在通知服务中传入一条消息，请求会先传入对应的服务，之后该服务会生成一条请求触发函数。在这种情况下，函数将执行请求，但不会向客户端返回执行结果，因此称为异步事件。

3. 拉取事件

在拉取事件模型中，触发源往往会收到持续不断的请求，也称为流数据。和上述两种事件模型不同，触发源不会主动上报或推送请求，而是由 FaaS 平台持续运行一个探测服务，检测变化并主动拉取数据，传入一个触发请求执行的函数。该模型最典型的案例是触发消息队列，在交易系统中，通过消息队列实时处理用户的交易日志，将该队列配置为 FaaS 平台的触发源，则可以对消息队列中的流数据进行安全性检查，筛选出异常数据（如刷单）并告警。

3.1.2 常见触发器介绍

FaaS 平台的强大能力来自对多种触发方式的支持，FaaS 平台常见的触发器有以下几种。

❑ API 网关：FaaS 平台最常用的触发器之一，作为 Serverless 服务的 API 接入层，起到请求转发、认证鉴权、安全防护等作用。网关的触发方式主要是同步请求。

❑ 对象存储服务：作为云端的分布式存储服务，在数据转存、文件处理等场景下和 FaaS 服务有紧密的结合，例如文件解压缩、CDN 缓存刷新等。

❑ 消息队列服务：用于数据处理，对生产者和消费者之间的数据进行解耦。FaaS 服务可以很好地完成数据中转处理，在数据清洗、异常检测场景的应用十分广泛。

❑ 数据库服务：FaaS 服务和云上数据库服务也有紧密的结合。数据库增删改查等操作作为触发器事件会传入 FaaS 平台，从而执行关联操作，例如计数、发送告警等。

❑ 监控、告警：FaaS 服务可以作为监控服务的事件处理平台，用户通过配置监控触发 FaaS 服务执行自定义逻辑，例如发送告警短信和邮件等。

❑ 物联网应用：物联网应用具有弱状态性、波峰波谷明显等特点，十分适合通过 FaaS 平台触发。典型的物联网服务有 AWS Alexa、腾讯云智能对话平台等。

❑ 定时触发：用于在约定的时间执行计划好的工作，一般通过用户定义 CRON 表达式实现时间周期的配置。定时触发的应用场景非常广泛，例如定时提醒服务（邮件、企业办公软件等）、日志定时清理及收集、请求定时刷新保活等。

❑ API / SDK 触发：针对一些自定义场景，也可以直接调用 FaaS 服务的标准 HTTP 接口触发，从而实现服务间的灵活组合及扩展。

3.2 错误处理和重试机制

FaaS 平台有可能会出现不同类型的错误，主要分为运行错误和调用错误（同步调用、异步调用）。根据不同的错误类型，重试机制也会有所差异。本节主要分析 FaaS 平台对应的错误类型和重试策略。

1. 错误类型

FaaS 平台的错误类型说明如下。

❑ 调用错误：调用请求被拒绝时报错，该类型的错误发生在函数实际执行之前。常见的调用错误如并发超出平台限制、调用方无权限、调用请求传参不符合要求等。

❑ 运行错误：函数的业务代码或运行环境返回错误。运行错误主要发生在函数的实际执行中。常见的运行错误有用户代码运行的异常、函数运行环境发现并抛出的异常等。

2. 重试机制

针对同步的调用错误，平台方不会重试，而是直接将错误信息返回给用户，重试策略主要由调用方决定。针对异步调用错误，如超限，平台会持续重试 24 小时，重试的间隔按照指数退避增加到 1 小时。超过 24 小时仍调用失败，则将本次调用的返回结果存入死信队列或丢弃。

针对运行错误中用户代码或运行环境错误，平台会自动重试，一般会做间隔分钟级别的两次重试。在三次重试失败后，错误事件将被存入死信队列或丢弃。

为了方便用户对错误信息进行收集和重试，各云平台也提供了死信队列等产品化策略，用于收集错误事件，分析失败原因。此外，为了更好地收集和分析错误请求，用户也可以针对调用方配置监控告警，感知函数配置日志服务，及时处理和分析错误。

3.3　生命周期

了解了事件模型后，我们模拟事件触发的场景，继续了解 FaaS 的生命周期，如图 3-3 所示。

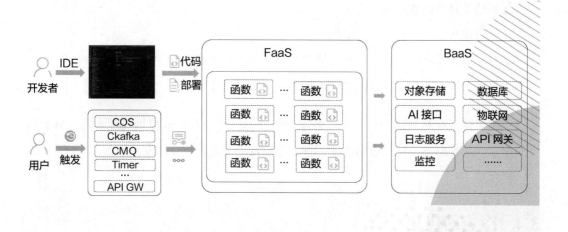

图 3-3　FaaS 平台生命周期

从图 3-3 中可以看出，开发者在创建 FaaS 服务时，从本地上传、选取模板创建对应的函数，函数上传到 FaaS 平台后，会提供运行环境托管用户业务代码。开发者可以在代码中调用 BaaS 服务，这样就完成了 FaaS 服务的创建。

终端用户通过事件触发的方式访问 FaaS 服务（包含 COS、消息队列、定时任务、网关等多种触发器）。触发事件发生后，FaaS 平台将分配对应的实例运行用户上传的代码、执行业务逻辑，并访问对应的 BaaS 服务，从而实现业务访问。

FaaS 是分布式、事件驱动的架构，其核心节点为一个个函数实例。通过上述流程可知，函数实例的生命周期有以下两个特点。

❑ 函数实例按需运行，在长时间未被事件触发时，处于关闭状态。
❑ 事件触发时，函数才会被启动和运行。

为了高效地复用函数实例，公有云服务商会在函数实例启动后，将实例保留一定时间，从而避免频繁创建和销毁资源。因此可知，函数实例的生命周期主要有以下几个阶段。

❑ 事件触发。
❑ 创建及启动函数实例。
❑ 执行函数触发逻辑并返回结果。
❑ 在实例保留时间内，如有新的请求，再次执行启动或触发阶段。
❑ 等待一段时间，若无新的事件请求，则销毁函数实例。

了解了函数的生命周期后，在业务逻辑中，可以有针对性地提供最佳实践，例如将变量定义、数据库连接放在启动阶段，将事件触发相关逻辑放在触发阶段等。

3.4 冷启动优化

"冷启动"这个现象常用于第一次执行操作，它在我们的生活中并不陌生，例如在第一次炒菜时需要热油、开汽车时需要等待汽车发动、在 TCP 第一次连接时需要三次握手等，可以说万事万物皆有冷启动。而在 FaaS 平台中，冷启动是不可忽视的一个特性，也是各大云服务商进行优化的主要方向。所谓"冷启动"，就是第一次部署函数，运行实例时，由于 FaaS 平台需要创建实例、部署网络，会有秒级别的较高延时。由于本地函数并不存在冷启动的概念，而云端函数的资源分配造成的冷启动则可能导致函数超时，对 FaaS 平台上的业务不够友好。因此，了解冷启动产生的原因以及优化措施，可以更好地理解 FaaS 平台原理，并进行有针对性的优化。

3.4.1　冷启动的产生

函数冷启动指的是 FaaS 函数在启动过程中的代码下载、启动实例、初始化运行时及用户代码等环节。

具体而言，FaaS 函数在接收请求且没有空闲实例时，平台需要启动新的并发实例处理事件，该过程中**并发实例创建**和**业务代码初始化**引起的耗时都可以称为函数的冷启动耗时。

冷启动是怎样出现的呢？我们用一张图形象地展示在创建函数时，平台和用户分别负责哪些操作，从而分析冷启动的发生原理，如图 3-4 所示。

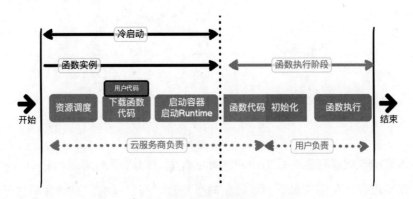

图 3-4　冷启动的产生原因

根据上述执行流程可以看出，函数实例的启动过程主要分为两部分。

第一部分是启动函数实例，包含资源调度、下载客户提交的函数代码、启动初始化运行环境、加载运行代码。这一部分产生的耗时也叫作冷启动时间，主要由 FaaS 平台调度、执行和优化。

第二部分是函数的执行阶段，包含初始化代码、执行函数然后结束、退出执行环境。函数执行阶段主要由用户控制，根据业务及实现方式的不同，初始化和执行时间也不同，用户可以自行对这部分时间进行优化。

如图 3-5 所示，公有云 FaaS 平台上的冷启动主要分为以下几个过程。

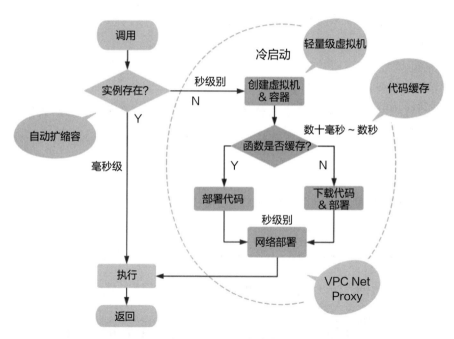

图 3-5　FaaS 平台冷启动过程

- 创建虚拟机或容器：根据用户选择的配置，FaaS 平台需要创建对应的运行环境。在不进行优化的情况下，该过程的平均耗时在秒级别，遇到极端情况时（需要创建新虚拟机或容器）甚至可能达到分钟级别。
- 函数代码包下载：该过程主要为运行环境加载用户的业务代码，代码包一般从对象存储等服务中获取，因此代码下载速度取决于业务代码包的大小，代码包较大时也会达到秒级别的耗时。

❑ 打通VPC（Virtual Private Cloud）等网络配置：FaaS平台不仅承担计算任务，当函数和其他资源，如外网服务、数据库等服务进行交互时，需要考虑打通私有网络和公网，这一步通常需要秒级别实现。

3.4.2 平台侧冷启动的优化

各大云厂商针对冷启动提供了各种优化策略，主要涉及以下三个方面。

1. 创建虚拟机和容器阶段

在该阶段，由于公有云平台的虚拟机调度系统需要满足更广泛的需求，难以针对FaaS场景做定制优化，因此各厂商相继推出了适用于FaaS平台的轻量级虚拟化系统（Micro VM），例如AWS Firecracker、Kata Container等。这些轻量级虚拟化系统主要针对镜像和驱动做了裁剪，使其更加轻量。此外，该系统将虚拟机的内存、设备状态等信息存储到共享内存，通过提前创建虚拟机模板文件，实现了极速启动和部署。

2. 代码包下载阶段

为了加速代码下载的速度，各云厂商通过代码缓存方案，将同账户下的代码缓存在本地节点作为一级缓存，多个可用区的代码也会作为二级缓存。

3. 打通网络配置阶段

在网络配置阶段，云厂商通过抽取网络转发层，将弹性网卡（Elastic Network Interface，ENI）绑定在转发层上，既可以复用网卡，又能降低绑定时间，提供高可用的架构。

虽然以上解决方案可以有效减少冷启动的概率，但依然难以100%避免冷启动，因此各商业化平台也提供了一些可配置的预留实例策略，通过提供常驻实例，降低服务延时。相信随着技术的持续进步，冷启动的问题将被更好地解决。

3.4.3 用户侧冷启动的规避

当前主流的冷启动规避方式为**预置并发实例**。从原理上讲，主要是通过预留实例的方式，有效规避冷启动的产生。但这也需要用户根据业务的具体场景，对不同函数的并发量进行预测、规划及合理分配。根据主流云厂商的产品限制，在对并发实例进行配置时，需要注意以下几点。

- ❑ 预置并发不支持 $ LATEST 最新版本，仅支持已发布的稳定版本。
- ❑ 可供配置的预置并发总数有限，一般会为账户 / 函数维度提供一个预置额度，需要用户根据账号下不同函数的使用情况进行合理分配。
- ❑ 由于预置并发需要额外的资源分配，因此计费方式可能有所不同。
- ❑ 并发实例处理完时间请求后，不会被立刻回收，而是会继续执行一段时间，以便于实例的复用。

3.5 部署第一个 Serverless 实例

本节将通过函数 + 网关触发器的 Hello World 示例，演示 Serverless 的工作过程。各公有云平台均提供类似的 Serverless 服务，本书使用腾讯云 SCF 云函数平台进行讲解及演示。

3.5.1 部署 Hello World 函数示例

首先需要注册腾讯云账号并进行实名认证。

1. 创建云函数

进入腾讯云函数控制台 https://console.cloud.tencent.com/scf/list，点击"新建"，输入对应的函数名称：my-first-demo 运行环境：Nodejs 12.16，如图 3-6 所示。

2. 创建触发器

函数创建完成后，进入函数详情页面，点击触发器管理中的"创建触发器"，选择 API 网关触发器并创建，如图 3-7 所示。

图 3-6　创建云函数

图 3-7　创建 API 网关触发器

3. 触发函数

点击页面中的访问链接（形式类似 https://service-xxxxxxx-125xxxxxx.sh.apigw.tencentcs. com/release/my-first-demo），可以看到页面展示了触发事件的信息。至此，一个网关＋函数的 Serverless 服务便配置完成了。

3.5.2 参数定义

针对部署完成的应用，可以查看对应的函数代码，如代码清单 3-1 所示。和本地开发 Node.js 函数不同的是，云函数中有几个独特的参数定义。

代码清单 3-1 云函数代码

```
'use strict';
exports.main_handler = async (event, context, callback) => {
    console.log("Hello World")
    console.log(event)
    console.log(event["non-exist"])
    console.log(context)
    return event
};
```

- ❏ 入口函数（handler function）：用于指定云端运行环境被触发时，执行的函数 / 方法。
- ❏ 事件（event）：用于传递触发事件数据，在各个公有云平台中，不同的触发器对应不同的事件结构。
- ❏ 上下文（context）：用于传递函数的运行时信息，例如请求唯一 ID、日志组配置等。

通过理解上述参数的作用，可以了解云上函数平台的规范，才能够更好地开发 Serverless 应用。

3.6 运行时和自定义运行时

本节将通过介绍运行时和自定义运行时，对函数运行环境的架构进行说明，让读者进一步了解 FaaS 的执行原理和调度机制，实现自定义函数的运行环境。

3.6.1　运行时和自定义运行时的概念

FaaS 平台的每个函数的底层是基于轻量化虚拟机（MicroVM）实现的，而每个函数都需要通过运行时环境的承载来提供服务，因此可以将运行时看作每个函数的执行环境。函数、运行环境和轻量化虚拟机的层级关系如图 3-8 所示。

图 3-8　函数、运行环境和轻量化虚拟机的层级关系

当前主流云厂商的函数平台都提供常用运行环境的预置和封装，并能够持续支持和迭代。编程语言本身十分丰富，并且持续更新，对于平台来说，维护所有语言和版本并不现实。此外，如果用户希望针对预置运行环境安装自定义的扩展，比如 PHP 环境中 PostgreSQL 数据库的扩展 Pdo_pgsql，则需要平台进一步开放限制，实现支持自定义插件和扩展包的安装。当前，各大云厂商已经通过开放公共容器镜像等方式，支持函数挂载容器镜像，从而实现自定义开发和依赖安装。此外，用户也可以通过自定义运行时来实现这一需求。接下来我们对运行时和自定义运行时的原理进行分析，实现自定义运行环境。

1.运行时的生命周期

标准运行时的生命周期由两部分组成：初始化阶段和调用阶段。在初始化阶段，会准备运行函数需要的资源，然后拉取用户代码，对函数进行初始化，并对外暴露入口函数（handler）接口。在调用阶段，通过事件触发，对函数进行调用，并执行函数内部定义的逻辑进行响应，如图 3-9 所示。

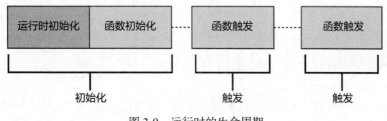

图 3-9　运行时的生命周期

2. 自定义运行时的生命周期

自定义运行时的生命周期如图 3-10 所示，可以看到，不同的触发器，如网关触发器、定时触发器，在触发事件后，会先将事件分发给 Runtime API，之后由用户实现自定义运行时部分，和 Runtime API 通过 HTTP/RPC 等方式进行交互。用户实现自定义运行时主要需要考虑以下几个部分：首先需要自定义引导文件 bootstrap，通过 bootstrap 进行初始化，和负责调度的引擎，即 Runtime API 进行交互，实现运行时的自定义，之后再执行函数的业务逻辑。

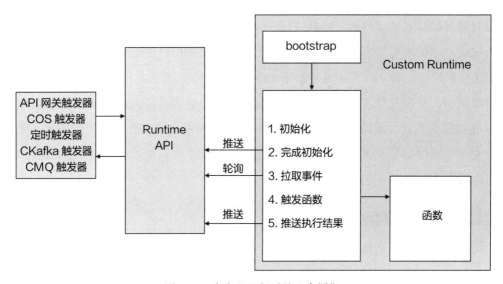

图 3-10　自定义运行时的生命周期

因此，与标准的内置运行时相比，自定义运行时的开放性主要体现在以下三个方面。

❏ 支持自定义开发语言。
❏ 开放了运行时的初始化阶段。
❏ 支持通用的 HTTP/RPC 协议通信。

接下来我们详细解读自定义运行时每个阶段所做的工作。首先，启动运行时寻找代码包中的 bootstrap 文件，此阶段引导程序 bootstrap 做启动之前的准备和数据加载等工作，同时也需要确保该文件的权限为 chmod 755。

之后进入函数的初始化阶段。该阶段之前是通过 FaaS 平台实现的，在自定义运行时中则开放给用户。本阶段可以做许多初始化的工作，例如上文提到的加载扩展、启动自定义插件、创建连接池等。初始化完成后，可以通过 /runtime/init/ready 的 API 通知平台初始化已经完成。

最后进入函数调用阶段，通过 /runtime/invocation/next API 中长轮询的方式获取时间，并调用函数处理对应事件。处理完毕后，通过 /runtime/invocation/response | error 等 API 推送函数的处理结果或者异常报告。由此可见，在函数调用和初始化阶段，都可以通过用户自定义和平台的运行时 API 进行交互，定义函数的生命周期。

通过自定义运行时的能力，FaaS 函数平台可以完美支持 Deno、.NET、WASM、Swift 等编程语言，同时也能满足用户对运行时自定义扩展和插件的需求，进一步扩展 FaaS 函数的边界。

3.6.2 自定义运行时示例

接下来，我们通过一个 Deno 环境的函数示例，展示 FaaS 平台自定义运行时的运行原理。Deno 由 Node.js 的创始人 Ryan Dahl 在 2017 年创立。和 Node.js 一样，Deno 也是一个服务器运行时，它支持多种语言，可以直接运行 JavaScript 和 TypeScript 代码。对比 Node.js，Deno 提供了安全的执行环境，并且能够开箱即用地支持 TypeScript 等开发语言，在开发者中也越来越受欢迎。但当前各大云厂商的 FaaS 平台默认仅支持 Node.js 运行时，因此在本节，我们通过自定义运行时创建 Deno 环境。

在创建自定义运行时 Custom Runtime 函数前，首先需要创建运行时引导文件 bootstrap 和函数处理文件。其中，bootstrap 是运行时入库引导程序文件。创建 bootstrap 文件，定义 Deno 的文件目录并执行入口文件 entry.js，如代码清单 3-2 所示。

代码清单 3-2　Deno 环境下创建 bootstrap 文件

```
# 设置 Deno 缓存目录
export DENO_DIR=/tmp
# 取消代理
```

```
unset http_proxy
unset https_proxy
# 执行入口文件
deno run --allow-net --allow-env entry.js
```

入口文件创建完毕后，接下来需要创建函数处理文件。函数处理文件主要包含函数
逻辑的具体实现，其执行方式及参数可以通过运行时自定义实现。在本例中，创建 entry.
ts 作为入口文件，在其中创建 HTTP Server、监听固定端口、进行函数的初始化等，如代
码清单 3-3 所示。

代码清单 3-3　Deno 环境的函数处理文件

```
const SCF_RUNTIME_API: string | undefined = Deno.env.get('SCF_RUNTIME_API');
const SCF_RUNTIME_API_PORT: string | undefined = Deno.env.get(
    'SCF_RUNTIME_API_PORT',
);

const READY_URL = 'http://${SCF_RUNTIME_API}:${SCF_RUNTIME_API_PORT}/runtime/
init/ready';
const EVENT_URL = 'http://${SCF_RUNTIME_API}:${SCF_RUNTIME_API_PORT}/runtime/
invocation/next';
const RESPONSE_URL = 'http://${SCF_RUNTIME_API}:${SCF_RUNTIME_API_PORT}/
runtime/invocation/response';
const ERROR_URL = 'http://${SCF_RUNTIME_API}:${SCF_RUNTIME_API_PORT}/runtime/
invocation/error';

import { app } from './src/main.jsx';

const PORT = 9000;

async function post(url = '', data = {}) {
    const response = await fetch(url, {
        method: 'POST', // 默认为 GET, 也支持 POST、PUT、DELETE 等请求方式
        body: JSON.stringify(data),
    });
    return response.text();
}

async function forwardEventToRequest(event: any) {
    // 获取请求的事件
    console.log(
        '++++++++ Req Url +++++++',
        'http://localhost:${PORT}/${event.path}',
    );

    const response = await fetch('http://localhost:${PORT}/${event.path}', {
```

```
            method: 'GET',
    });
    const body = await response.text();

    const apigwReturn = {
        statusCode: 200,
        body: body,
        headers: {
            'Content-Type': 'text/html; charset=UTF-8',
        },
        isBase64Encoded: false,
    };

    return apigwReturn;
}

async function run() {
    // 事件循环
    // 获取事件
    const eventObj: any = await fetch(EVENT_URL);
    const event = await eventObj.json();
    await app.start({ port: PORT });

    const apigwReturn = await forwardEventToRequest(event);
    await app.close();

    if (!event) {
        const error = await post(ERROR_URL, { msg: 'error handling event' });
        console.log('Error response: ${error}');
    } else {
        console.log('Send Invoke Response: ${event}');
        await post(RESPONSE_URL, apigwReturn);
    }
}
// 完成 POST 请求，初始化完毕
post(READY_URL, { msg: 'deno ready' }).then(() => {
    console.log('Initialize finish');
    run();
});
```

示例完整代码地址为 https://github.com/serverless-plus/serverless-deno。

3.7 本章小结

本章带领读者理解 Serverless FaaS 层的原理。首先，针对 FaaS 层最重要的事件模型进行了分类，并根据分类介绍了对应的事件触发器及应用场景。此外，本章针对 FaaS 平台的错误处理和重试机制进行了说明，让读者更了解平台内部的处理机制，便于后续设计 Serverless 架构。之后，我们讨论了 FaaS 层"冷启动"的原理、成因和解决措施，让读者对 FaaS 平台的局限性有了一定认知，并提供平台侧和用户侧的规避策略。接着通过 Hello World 实例，引导读者部署一个 Serverless 架构，并对 FaaS 函数中的特殊字段入口函数、事件和上下文进行说明，让读者可以更直观地认识 FaaS 的运行方式。最后，本章介绍了函数运行时和自定义运行时，结合 Deno 自定义环境的案例，引导读者对 FaaS 平台运行环境的原理有进一步的理解，并通过动手实践，在 FaaS 平台中自定义运行环境，安装扩展和插件。

第 4 章 *Chapter 4*

Serverless 原理详解：BaaS 层

本章将介绍 Serverless 的另外一个重要组成部分——BaaS 层。在 Serverless 架构中，FaaS 层主要用于处理业务逻辑中计算相关的部分，而 BaaS 层则包含其他重要部分，如接入层、数据存储、数据库等。认识这些 BaaS 服务有利于我们构建完整的 Serverless 应用架构。本章将分别从接入层、存储、数据库和扩展能力这四个方面，介绍典型的 Serverless BaaS 服务，帮助读者了解其概念、特点和组合方式，为后续章节的实战案例奠定基础。由于每个小节涉及的 BaaS 服务原理和架构都非常复杂，因此本章着重介绍 BaaS 服务的特点及与 Serverless 的联动方式。

4.1 Serverless 接入层：API 网关

本节主要介绍 API 网关的基本概念及网关和 FaaS 联动的应用场景。API 网关作为接入层服务，是 Serverless 架构重要的组成部分，通过了解网关和 FaaS 函数的结合方式，可以更好地了解并构建 Serverless 应用架构。

4.1.1 基本概念

当前的软件服务都由大量 API 组成，因此如何更好地管理服务对内对外的 API，成为许多企业面临的问题。API 网关主要实现了 API 托管的能力，能够对 API 提供完整的生命周期管理，如 API 的创建、维护、发布、测试、下线等。此外，网关通过集成认证鉴权、流量控制、黑白名单、监控告警等能力，可以作为通用接入层，对外部的多个终端（Web/H5/iOS/Android/IoT 等）提供服务。业界比较知名的商业化产品有谷歌 Apigee、AWS API Gateway、腾讯云 API Gateway 等，开源的 API 网关产品有 Kong、Apache 基金会顶级项目 APISIX 等，如图 4-1 所示。

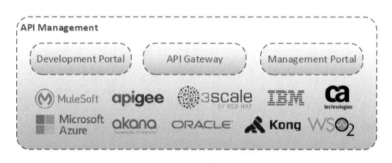

图 4-1 API 管理平台主流产品

许多读者对于传统架构下以 Nginx 为代表的负载均衡（Load Balance，LB）的转发方式更为熟悉，相对于负载均衡，API 网关提供了更加抽象的管理能力，并支持一些高级配置。分析和对比业界较为成熟的 API 网关产品，可以看出它们主要覆盖以下几个方面的能力。

❏ API 管理和配置：如 API 分组、增删改查等管理能力；基础配置如协议支持、CORS 跨域、自定义域名等配置，降低了用户的配置成本。

❏ API 认证能力：如密钥支持鉴权、SAML、JWT、OAuth2 等认证方式。

❏ 多后端支持：除了支持 FaaS 的对接之外，后端支持主机、容器、微服务架构的接入和转发，且相对于传统的网关服务而言更加灵活可控。

❏ 版本和环境管理：支持针对 API 在开发、测试、发布等不同环境的发布，支持 API 的版本管理和切换，并提供灰度发布、回滚等功能。

- □ 高级配置：针对 IP 进行访问控制，针对 API 进行流量控制、熔断、缓存配置等。
- □ 导入和导出：支持导入和导出 OpenAPI/ Swagger 等标准规范，支持生成 API 文档和 SDK 等。
- □ 灵活的排障能力：支持多种监控指标和时间维度，帮助用户知悉业务运行情况；日志支持类似 ELK 平台的运算符检索能力，便于快速定位问题。
- □ 安全可靠：自带高防 IP，抵抗 DDoS 攻击；具备被攻击后自动更换 IP 的能力，最大限度避免业务损失。

由上述特性可以看出，API 网关可以让用户专注于核心业务的开发，无须为接入层投入过多精力，与 Serverless 的核心理念非常契合。

4.1.2 网关和 FaaS 的联动

FaaS 平台主要基于事件模型，因此网关和 FaaS 平台的联动也是通过事件触发的，并通过特定的 event 格式进行传输。配置网关的后端为 FaaS 函数，就能实现 API 接收客户端请求后触发 FaaS 函数，并将处理结果作为 API 响应返回给客户端，流程如图 4-2 所示。

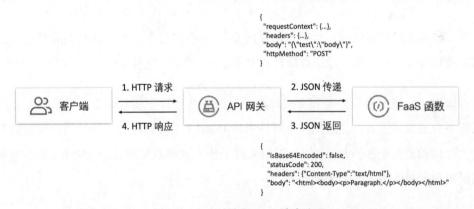

图 4-2 API 网关和 FaaS 请求流程

需要注意的是，上述流程是 API 网关开启了集成响应配置后的结果，此时网关会解析 FaaS 函数的返回内容，并根据解析内容构造 HTTP 响应。可以通过代码自主控制响应的状态码、响应头 header、响应体 body 等内容，进而实现自定义格式的响应，例如响应 XML、HTML、JSON，甚至 JavaScript 等格式。因此设置集成响应时，也需要返回特定的数据结构给网关。HTTP 是目前最主流的传输方式，集成响应主要是为了支持 HTTP 场景而提供的配置。

在 Web 框架支持的场景下，由于涉及路由，对于 HTTP 的适配和改造会更为复杂，例如 Node.js 的 Express.js 框架、Python 的 Django 框架等。在这种场景下，需要一个中间层或适配层对 API 网关和 FaaS 函数的事件触发进行改造，即将 JSON 结构体改造成标准的 HTTP 请求，并将 HTTP 响应转换为 API 网关标准数据结构并返回。在第 10 章会介绍一个 Web 服务部署的案例实践，下面对于 FaaS 平台的一些限制和常用配置进行说明。

1. 上传文件的处理

在传统架构中，上传文件可以直接通过 POST 表单加上文件类型的标签 multipart/form-data 的形式实现，但在 Serverless 架构中，由于使用了 API 网关和函数，涉及客户端上传文件到 FaaS 服务时，一般要用下面两种方式进行处理。

第一种是客户端将上传的文件转换为 Base64 编码，API 网关再将 Base64 编码作为文本传递给云函数，由云函数进行解码。

第二种是客户端将文件上传到对象存储 COS 的存储桶中，再由 API 网关将上传文件的对象地址传递给云函数，云函数通过对象地址从 COS 中拉取文件。

可以看出，当前的两种处理方式都涉及对服务端和客户端的改造，并不友好，因此各云服务商也提供了直接通过网关进行请求的 Base64 编解码配置，带给用户接近原生的上传文件体验。关于 Serverless 架构下的文件上传方案和效果对比，在 4.2.4 节中也有专门的说明和示例代码，供读者参考。

2. 请求 / 响应大小限制

通常情况下，FaaS 平台对同步请求和响应事件大小的限制为 6MB，因此涉及大于 6MB 的请求时，需要进行切分和优化。结合上述上传文件的限制，网关向云函数中传入文件时，若文件在 Base64 编码后小于 6MB，则将编码后的内容传入 FaaS；若文件在 Base64 编码后大于或等于 6MB，建议将文件上传至对象存储，并将对象地址传递给 FaaS 函数，从而完成大文件的上传。

3. 集成响应

鉴于网关和函数的交互方式，对于有 HTTP 需求的场景，FaaS 平台提供了集成响应的配置，即网关会解析云函数返回的内容，并根据解析内容构造 HTTP 响应。开启集成响应后，函数需要按照特定的数据结构返回才能被成功解析。如未开启集成响应，则网关会将函数的返回内容直接传递给 API 请求方，一般为 JSON 格式。集成响应返回的数据结构如代码清单 4-1 所示。

代码清单 4-1　集成响应返回的数据结构

```
{
    "isBase64Encoded": false,
    "statusCode": 200,
    "headers": {"Content-Type":"text/html"},
    "body": "<html><body><h1>Heading</h1><p>Paragraph.</p></body></html>"
}
```

4. CORS 跨域访问

CORS 即跨域资源共享（Cross-origin resource sharing），开启 CORS 后，允许浏览器向跨源服务器发出 XMLHttpRequest 请求，因此涉及跨域请求的页面需要在 API 网关开启该配置。

此外，API 网关也能联合 FaaS 服务提供 WebSocket 协议的支持，详细实现可以参考第 14 章 WebSocket 外卖点单系统的案例，这里就不再赘述了。

4.2　Serverless 和存储

本节主要介绍存储服务的基本概念、分类以及和 FaaS 联动的应用场景。存储服务是 BaaS 服务中重要的组成部分，FaaS 和存储服务相结合，可以在 Serverless 架构下实现文件存储、缓存共享、文件上传等多个常用场景，进一步完善了 Serverless 架构所需的数据存储和数据共享能力。

4.2.1　基本概念

如图 4-3 所示，存储主要分为块存储、文件存储和对象存储三个类型。块存储需要把云盘挂载到主机上，在格式化安装文件系统后才能使用，支持高性能随机读写，但是共享困难，需要分区管理，主要用于数据库、OLTP（On-Line Transaction Processing，联机事务处理过程）等场景。文件存储可以挂载多个客户端环境，无须格式化，可共享存储，方便访问，主要用于文件共享，流媒体处理等场景。对象存储则将非结构化的数据（视频、镜像、软件等）当作完整的对象进行存取，无须挂载，通过 HTTP 协议可直接发起对象读写，支持大规模并发，但不支持随机写，主要用于视频、文件和应用的存储、备份归档等场景。下文将从和 Serverless 结合的角度出发，对对象存储和文件存储进行进步说明。

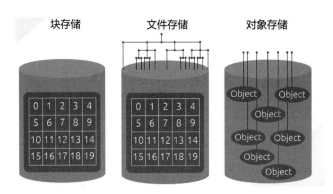

图 4-3　存储产品横向对比

表 4-1 展示了不同存储类型的功能对比，其中块存储是高度结构化的，因为每个数据块都排列在结构化的固定块中，便于搜索和索引。而文件存储是通过分层的方式被索引和结构化。对象存储则是非结构化的，因为没有用于数据存储的格式或者结构，只是简单的对象列表。

表 4-1　不同存储类型功能对比

功能	对象存储	文件存储	块存储
一致性	最终一致性	强一致性	强一致性

（续）

功能	对象存储	文件存储	块存储
结构	非结构化	层级结构	以块为结构
存储级别	对象级别	文件级别	块级别
适用场景	交易数据、高频改变的数据	文件数据共享	在线归档，内容存储

4.2.2 对象存储

在云计算时代，对于数据高效存储、迁移的需求越来越大，以 AWS S3 为标准的对象存储服务因其平滑扩展、无缝接入的能力受到广泛的欢迎，成为业界规范。其他云厂商也相继推出了无目录层次结构、无数据格式的限制、支持 HTTP/HTTPS 访问的分布式存储服务——对象存储。综合业界较为主流的对象存储服务，可以总结出该服务具有如下特性。

❑ 存储可靠：多副本冗余存储，可达 12 个 9（即 9999999999.99%）的数据持久性，保障数据耐久性。

❑ 高可用：提供特定 SLA（如 99.95%）的高可用性，支持异地容灾、跨域复制等特性。

❑ 开放兼容：支持 SDK、API、命令行、GUI 等工具，提供批量操作、迁移等能力，让使用和接入更为简单方便。

❑ 数据安全：提供防盗链能力，支持多租户隔离、HTTPS 加密传输及数据加密等功能。

❑ 高并发：可支持上万 QPS 的请求，保障高并发下的业务稳定。

❑ 多种规格：根据业务场景访问频度的高低，提供标准、低频和归档存储等多种类型。提供更具性价比的解决方案。例如低频存储适用于较低访问频率的场景，可用于网盘、大数据分析等场景；归档存储适用于档案、医疗影像、科学资料等适合长期保存，但需要较长解冻时间的数据。

除此之外，对象存储联动其他云上服务，可以支持更多场景，有很大的想象空间，这里简单介绍几个典型的应用场景供读者参考。

1. 数据处理

对于用户传入对象存储的数据，可结合多种数据处理类服务进行编辑、处理和审核，如图 4-4 所示。针对图片数据，用户可结合数据万象进行裁剪、缩放、转码、锐化、添加水印等操作，还可以进行鉴黄、鉴政、鉴暴恐等内容审核。针对视频数据，用户可进行转码、水印、截帧等处理。针对文档数据，用户可利用第三方服务生成文档的图片或 HTML 预览，并对预览图添加水印。

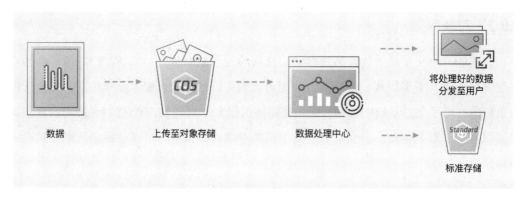

图 4-4　数据处理

2. 内容分发

网站服务通常会在动态网页中根据一定的规则，区分开经常变动和长期不变的资源，静态资源是指长期不变的非结构化数据资源，如图 4-5 所示。对象存储提供了静态资源的存储和分发能力，减轻资源服务器的压力，并利用无限容量、高频读写的特性，为静态资源提供可扩展能力和可靠的存储。用户可以将网站中的静态内容（包括音视频、图片等文件）全部托管在标准存储中，并利用内容分发网络（CDN）分发。利用 CDN 全球加速节点的能力，可以将热点文件提前下发至边缘节点，降低访问延迟。

图 4-5　内容分发

3. 大数据分析

无论用户存储的是医疗或财务方面的数据还是照片和音视频之类的多媒体文件，对象存储都可以作为数据源进行大数据分析，如图 4-6 所示。对象存储支持存储 EB 级别的非结构化数据，具备高可用、高可靠、高安全和可扩展性，结合大数据服务，可以快速构建和部署分析应用程序。在实现高性能计算需求后，可以将数据转换为归档存储，降低服务使用成本，以便长期存储数据。

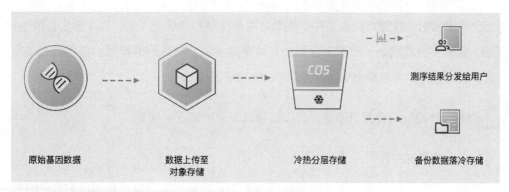

原始基因数据　　　数据上传至　　　　冷热分层存储　　　备份数据落冷存储
　　　　　　　　　对象存储

测序结果分发给用户

图 4-6　大数据分析

4.2.3　文件存储

随着业务的蓬勃发展，对于数据存储和管理的需求越来越明显。企业主要面临着存储容量不足、资源配置复杂、采购运营成本高、利用率低及不能满足大数据分析需求等几大挑战。而 NAS（Network Attached Storage）存储以其灵活扩展、高性能、易用等优势，广泛应用在多个行业中。文件存储作为云上 NAS 存储的代表服务，和各个计算服务如云服务器、容器和 FaaS 函数等搭配使用，可以为多个计算节点提供容量和性能可弹性扩展的高性能共享存储。当前 NAS 文件存储服务普遍支持下列功能和特性。

- ❑ 支持多种协议：支持 NFSv3.0/NFSv4.0、SMB 协议，支持 POSIX 访问语义，兼容 POSIX 接口，可跨平台访问，保证文件数据的一致性。
- ❑ 共享访问：多台主机或容器服务可以共享同一个文件系统，运行在不同可用区的计算节点也可以通过 VPC 网络使用同一个文件系统，实现多计算节点的协同工作及数据共享。

❑ 弹性挂载/卸载：支持上万节点并发挂载，文件系统性能会随存储容量线性增长，用户可以灵活挂载或卸载文件系统。

❑ 弹性扩容：单文件系统支持PB级存储，文件系统容量可随用户使用而弹性扩容，无须提前分配资源。

❑ 安全控制：具有极高的可用性和持久性，支持细粒度权限控制，支持VPC网络及基础网络的网络隔离及来访用户白名单访问控制。

❑ 传输加密：支持在挂载文件系统时启用传输层安全性（TLS），实现数据传输加密。

❑ 数据备份及冗余：数据3份冗余，具备高可靠、高可用的特性；提供数据备份的能力，用户可以根据业务需求定期进行数据备份。

NAS文件系统结合其他服务，可以支持以下常用的应用场景。

1. 企业文件共享

企业员工办公时通常需要共享和访问相同的数据集，管理员可以通过对文件系统进行管理和设置，授获组织中的个人访问有关资源，还可以在文件系统中对特定的用户组统一设置权限，如图4-7所示。

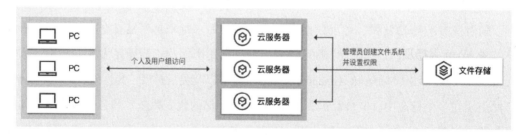

图4-7　企业文件共享

2. 流媒体处理

文件存储支持CIFS/SMB协议，兼容Windows 7、Windows Server 2008/2012等多种操作系统，支持数万客户端并发访问，提供高吞吐量、毫秒级响应等特性，为吞吐量及延迟要求高的视频、图像渲染场景提供保障，如图4-8所示。

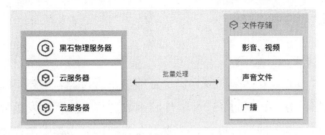

图 4-8　流媒体处理

3. 大数据分析

文件存储支持数万客户端并发访问，具备超大容量、高吞吐、NFS 协议的文件锁特性，为数据读写一致性需求强的大数据分析场景提供了保障，如图 4-9 所示。

图 4-9　大数据分析

4. Web 服务及内容管理

文件存储作为一种持久性强、吞吐量高的文件系统，可用于各种内容管理场景，例如为网站、在线发行、存档等各种应用服务提供数据源文件，如图 4-10 所示。

图 4-10　Web 服务及内容管理

4.2.4 存储和 FaaS 的联动

1. 对象存储

对象存储和云上多服务联动能够提供丰富的场景支持，云函数也是其中之一。对象存储支持以触发器的方式，通过 JSON 事件和函数进行交互，触发函数并支持用户自定义触发事件和处理逻辑。例如可以通过定义对象存储中的文件上传或删除等操作触发函数，并增加条件进行过滤。函数被触发后，也可以在代码中自定义处理逻辑。

在指定的 COS Bucket 发生对象创建或对象删除事件时，会将 JSON 格式的事件数据发送给绑定的 FaaS 函数，如代码清单 4-2 所示。

代码清单 4-2　对象存储触发 FaaS 的事件消息结构

```
{
    "Records": [{
        "cos": {
            "cosSchemaVersion": "1.0",
            "cosObject": {
                "url": "http://testpic-1253970026.cos.ap-chengdu.myqcloud.com/
testfile",
                "meta": {
                    "x-cos-request-id": "NWMxOWY4MGFfMjViMjU4NjRfMTUyMVVxxxxxxx
xx=",
                    "Content-Type": "",
                    "x-cos-meta-mykey": "myvalue"
                },
                "vid": "",
                "key": "/1253970026/testpic/testfile",
                "size": 1029
            },
            "cosBucket": {
                "region": "cd",
                "name": "testpic",
                "appid": "1253970026"
            },
            "cosNotificationId": "unkown"
        },
        "event": {
            "eventName": "cos:ObjectCreated:*",
            "eventVersion": "1.0",
            "eventTime": 1545205770,
            "eventSource": "qcs::cos",
            "requestParameters": {
```

```
                "requestSourceIP": "192.168.15.101",
                "requestHeaders": {
                    "Authorization": "q-sign-algorithm=sha1&q-
ak=xxxxxxxxxxxxxxx&q-sign-time=1545205709;1545215769&q-key-
time=1545205709;1545215769&q-header-list=host;x-cos-storage-class&q-url-param-
list=&q-signature=xxxxxxxxxxxxxxx"
                }
            },
            "eventQueue": "qcs:0:scf:cd:appid/1253970026:default.printevent.
$LATEST",
            "reservedInfo": "",
            "reqid": 179398952
        }
    }]
}
```

通过 FaaS 和对象存储产品进行联动，可以快速部署轻量级的业务处理逻辑，实现自动化处理，整个联动流程如图 4-11 所示。通过一键配置对象存储作为事件的监听器，并在 FaaS 函数中基于不同的编程语言和第三方库自定义处理逻辑，可以实现业务的自动化处理。通过 FaaS 平台的弹性伸缩能力，完美应对流量负载的波峰、波谷。

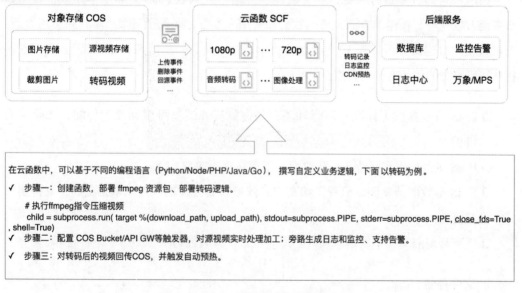

图 4-11　FaaS 函数和对象存储结合场景

图 4-12 所示是对象存储触发 FaaS 的一些典型场景，如音视频转码回传。

图 4-12　FaaS 函数和对象存储结合场景

某家用摄像头提供商基于 Serverless 架构，实现了摄像头视频回传→处理（拼接、转码）→存储方案。结合对象存储＋云函数＋Serverless DB，首先将回传的视频存储到COS，然后自动触发函数做拼接处理，最后通知 DB 做数据写入。整个流程支持毫秒级弹性伸缩，即使遇到流量洪峰，也能完美承载。后来业务不断发展（C 端售卖量上升），整套方案无须二次开发，几乎无容量上限，而 Serverless 按需付费的能力也极大地节约了机器资源和运维成本。

和用户自建方案进行对比，在开发流程方面，云函数 FaaS 更加简单高效，云函数自带能力较完善；在运维方面，云函数更加易用和省心，降低了运维成本；在费用方面，云函数相比自建服务可节省 30% 以上的费用。总体而言，使用 Serverless 云函数实现音视频转码服务的优势有下列几点。

❑ FaaS 函数提供了标准的运行环境，并保障资源的高可用和弹性伸缩，无须专人维护。
❑ FaaS 函数根据实际业务消耗收费，不存在资源浪费。
❑ FaaS 函数的开发调试流程更加高效，依赖和业务解耦，可以单独更新，支持实时热更新。
❑ 运行环境隔离，单次请求失败不影响正常执行其他请求。

2. 文件存储

基于 FaaS 平台"无状态性"的运行原理，各云厂商 FaaS 的运行环境都有较为严格的限制。一般临时缓存空间为 512MB，并且只能存到 /tmp 目录中。在这种情况下，随着函数实例的销毁（一般 FaaS 平台的实例回收时间为 30 分钟），这部分缓存也会被销毁。为了确保这些数据能够持久存储，一般会引入对象存储或数据库将数据落盘。但在这种解决方案中，对象存储主要用来存储静态资源。此外，文件存储的读写速度不够快，延迟较高。因此，在多函数之间的文件共享、大文件处理和缓存等场景中，需要引入 CFS 文件系统的挂载。当前各云厂商的解决方案是，支持在 FaaS 函数中配置对应的文件系统进行挂载，实现多函数对文件的共享存储和访问。

文件系统联动 FaaS 的常用场景有机器学习、音视频文件处理、数据共享、内容管理系统等。

（1）机器学习

机器学习场景需要大量的数据存储和较大的依赖库，因为 FaaS 平台的限制，所以这种场景难以在单个云函数中实现（由上文可知，平台对单个函数的限制一般为 500 MB，而机器学习的依赖库常达到 GB 级别）。但引入了文件存储做 BaaS 服务后，可以通过文件存储承载较大的依赖库，例如 TensorFlow 等，从而让函数可以执行机器学习模型。当然，这种情况也需要考虑因过大的依赖包引入冷启动的问题，预置并发实例是当前比较好的一种解决方案。FaaS 函数结合文件存储的架构如图 4-13 所示。

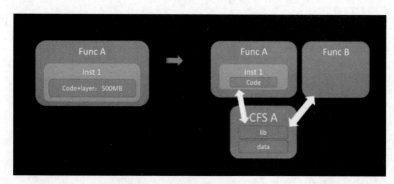

图 4-13 FaaS 函数和文件存储结合场景：大体积依赖或代码包

（2）音视频文件处理

在音视频文件的处理场景中，主要基于 FFmpeg 等通用开源库对视频文件进行转码等处理，通过 Serverless 实现该场景可以达到降低成本、弹性扩缩容的效果。通过将视频源文件存放在文件存储中，配合视频切片，可以对大文件进行处理。函数平台可以直接挂载文件存储，对其中的文件进行处理，如图 4-14 所示。

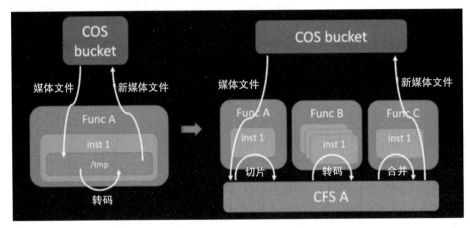

图 4-14　FaaS 函数和文件存储结合场景：音视频文件处理

（3）数据共享场景

由于文件存储支持多计算资源共享访问，对应 FaaS 平台，不同的函数可以以不同的权限访问不同的文件存储路径。FaaS 结合文件存储能够支持一些涉及共享数据的场景，例如需要持久化的用户登录 session 信息的存储和共享，或者多个函数获取不同的测试数据，进行黑盒测试后，将结果写入回文件，文件存储则可以根据对应的结果进行模型调整和结果分析。

3. Serverless 结合存储实现文件上传

文件上传和下载是网页端网站建设和开发中十分典型的场景，在图片识别、视频上传等业务场景中有广泛的应用。在不同的语言环境中，处理 HTTP 上传、下载的方法有很多，结合 Serverless 架构进行实现时，根据不同的场景和成本预估，能够选择不同的解决方案。由于各个云厂商对 HTTP 请求和响应的内容限制为 6MB，因此对于大小不同的文件大小，也有不同的实现方式。

❏ 文件小于 6MB：结合 API 网关做 Base64 解码。

❏ 文件大于 6MB：由于 FaaS 函数本身无法对文件做持久化，函数实例生命周期结束后会被回收和销毁，因此需要结合存储服务实现文件上传能力。这种情况下又有以下三种实现方式。

- 分片上传，将大文件切分成小块，完成上传后再拼接起来。
- 借助 COS 对象存储功能，先将文件上传至 COS，调用函数从 COS 下载文件，处理完之后进行回传。
- 借助 CFS 文件存储功能，将大文件存放在 CFS 盘中，通过函数挂在 CFS，可以像读写普通文件系统一样访问 CFS 盘中的文件。

接下来，分别介绍上述上传方案，详解其实现方式、适用场景和优缺点。

（1）文件小于 6MB

在本地开发时，如果要实现文件上传功能，我们通常会用 content-type:multipart/form-data 类型作为请求头实现 HTTP 文件上传，或者将文件进行 base64 编码之后再上传。在文件不超过 FaaS 平台限制的情况下，这种思路依然可以通过网关结合函数实现，即将小文件通过网关传到 FaaS 函数平台，并由函数将结果在对象存储 COS 中做持久化。但这种实现方式也有诸多弊端。一方面，将文件直接从网关传给函数时，需要用户将文件转换为 base64 编码后再传输。函数通过网关收到数据后，再将 base64 编码的文件进行解码，之后进行持久化存储。这一过程依赖用户对代码进行额外改造。此外，由于 FaaS 平台的接入层，也就是 API 网关的数据包有 6MB 的限制，超过限制的文件会被裁剪或拦截。最后，通过 API 网关进行文件传输，需要较高的 API 网关和对象存储 COS 的流量费，因此，传输大文件时，不建议直接通过网关，可以结合函数及存储服务，对文件进行持久化处理。

（2）文件大于 6MB

在文件大于 6MB 的情况下，需要结合 FaaS 函数和存储服务进行文件持久化。其中最直观的一种方式是直接传输文件到对象存储中。在这个方案里，客户端需要分别发起请求，获得临时上传的地址，将文件上传到 COS，获取处理结果。这种方式在二进制上传、文件大小及成本控制方面都能提供更好的支持。以 OCR 文字识别为例，用户上传图片，调用 OCR 接口将图片转换为文字并展示。这种场景更适合直接将文件上传到 COS

对象存储中，如代码清单 4-3 所示。

代码清单 4-3　结合 COS 直传文件

```
/** index.js
    * get cos temporary credential for uploading picture to cos
    * @param {string} uuid uuid
    */
async getCosTmpCredential(uuid) {
const { Response } = await this.capi.request(
    {
        Action: 'GetFederationToken',
        Version: '2018-08-13',
        Name: uuid,
        // 上传策略
        Policy: JSON.stringify({
            version: '2.0',
            statement: [
                {
                    effect: 'allow',
                    action: [
                        'name/cos:PutObject',
                    ],
                    resource: [
'qcs::cos:${this.REGION}:uid/${this.TENCENT_APP_ID}:prefix//${this.TENCENT_
APP_ID}/${this.BUCKET}/*',
                    ],
                },
            ],
        }),
        DurationSeconds: 7200,
    },
    {
        host: 'sts.tencentcloudapi.com',
    },
);
Response.StartTime = Math.round(Date.now() / 1000);
Response.Region = this.REGION;
Response.BucketName = '${this.BUCKET}-${this.TENCENT_APP_ID}';
return Response;
}

/**
    * 获取 OCR 结果
    * @param {string} imgUrl image url
    * @param {string} lang language, default zh
```

```
        */
    async getOCRResult(imgUrl, lang = 'zh') {
        const { Response } = await this.capi.request(
            {
                Action: 'GeneralBasicOCR',
                Version: '2018-11-19',
                ImageUrl: imgUrl,
                LanguageType: lang,
            },
            {
                host: 'ocr.tencentcloudapi.com',
            },
        );
        return Response;
    }
}
module.exports = CloudApi;

/*sls.js*/
app.post('/token', async (req, res, next) => {
    const uuid = req.body.uuid;
    const result = await apis.getCosTmpCredential(uuid);
    if (result.Error) {
        res.send({
            code: 1,
            error: result.Error,
        });
    } else {
        res.send({
            code: 0,
            data: result,
        });
    }
});

app.post('/ocr', async (req, res, next) => {
    const imgUrl = req.body.imgUrl;
    const result = await apis.getOCRResult(imgUrl);
    if (result.Error) {
        res.send({
            code: 1,
            error: result.Error,
        });
    } else {
        res.send({
            code: 0,
            data: result.TextDetections,
```

```
            });
        }
    });
```

可以看到，通过 /PutBucket 方法将图片直接上传到 COS 桶中，之后通过 getOCR-Result 获取 imgUrl，即文件地址，将其作为输入进行 OCR 识别，即可解决该场景下大文件上传的问题，并且传输速度更加稳定、成本也更低廉。

使用对象存储做文件上传，需要额外注意下面两点。

❑ Web 服务可能存在跨域问题，因此需要对 COS 桶进行跨域设置，即开启 CORS 的支持。

❑ 因为客户端直接将文件上传到对象存储中可能有较大的安全风险，所以可以考虑在服务端做签名，通过客户端获取签名结果，上传文件到对象存储的指定位置。

该项目的完整代码地址为 https://github.com/serverless-components/tencent-ocr。

另外一种方式是借助 CFS 文件存储功能，对文件进行持久化，这种方式支持多个函数共享访问。在这种实现方式中，COS 通过 HTTP 进行上传、下载，而 CFS 则需要FaaS 函数进行内网（VPC 私有网络）配置，并挂载对应的文件盘，之后才能将文件写入对应的路径，如代码清单 4-4 所示。

代码清单 4-4 结合 CFS 文件存储实现文件上传

```
/* index.js */
'use strict';
var fs = requiret('fs');
exports.main_handler = async (event, context) => {
    await fs.promises.writeFile('/mnt/myfolder/file1.txt',
JSON.stringify(event));
    return event;
};
```

由上述方案可知，当前在 Serverless 架构下，对于大文件的上传依然需要做代码改造或适配，才是较为理想且安全的方案。因此，Serverless 架构下的持久化和文件上传特性也需要持续优化，相信未来会出现更多适配 Serverless 架构的存储方案。

4.3　Serverless 和数据库

数据库作为后端数据查询和落盘的服务，是 Serverless 架构中必不可少的一部分。本节通过介绍数据库服务中关系型数据库和非关系型数据库的概念及这两种数据库和 FaaS 服务的联动方案，为 Serverless 架构中需要连接数据库的场景提供参考。

4.3.1　基本概念

大多数软件架构都涉及数据的存储和查询，因此，数据库联动是 Serverless 架构不可或缺的一部分。数据库相关的知识广泛且复杂，本节只简要介绍典型的关系型数据库 MySQL 和非关系型数据库 MongoDB，并以二者为例，阐述它们和 FaaS 的联动方式及适用场景。

当前软件产生的数据很大一部分由关系数据管理系统（RDBMS）处理，关系型数据库便于理解和维护，并且具有事务一致性，遵循 ACID 的原则，即原子性（Atomicity）、一致性（Consistency）、独立性（Isolation）和持久性（Durability）。这种特点使得关系型数据库能满足所有要求强一致性的场景，例如银行交易。但这些特性，也导致了关系型数据库在高并发读写、高扩展性的场景下不能很好的适配。此外，随着用户生成数据（UGD）和操作日志成倍增加，在很多场景下并不需要保持关系型数据库的事务一致性或读写实时性。此时非关系型数据库应运而生，可用于海量数据查询场景，支持高性能、高可用和弹性伸缩，并且基于 BASE 原则，即基本可用（Basically Available）、软状态 / 柔性事务（Soft-state）和最终一致性（Eventually Consistent）。

关系型数据库和非关系型数据库的功能和特性对比如表 4-2 所示。

表 4-2　关系型和非关系型数据库对比

对比项	关系型	非关系型
数据存储	关系表	数据集（键值 /JSON 文档 / 哈希表 / 其他）
模式结构	结构化，提前定义表结构	动态调整模式，非结构化
扩展方式	纵向扩展，提高处理能力	横向扩展，增加分布式节点
数据查询	标准通用的查询语言（SQL）	非标准非结构化的查询语言（UnQL）

（续）

对比项	关系型	非关系型
关键特性	ACID	CAP[①]、BASE
主要优势	结构化、事务处理、易于维护使用	扩展性、灵活调整、大数据分析
主要劣势	扩展性、高并发场景、大数据分析	事务支持较弱，标准不统一

① CAP 即一致性（Consistency）、数据可用性（Availability）、分区耐受性（Partition Tolerance）。CAP 原理认为一个提供数据服务的存储系统无法同时完美满足一致性、数据可用性和分区耐受性这三个条件。

关系型数据库和非关系型数据库各有适用场景和典型的开源 / 商业化产品，在 Serverless 中，也需要基于这两种典型的数据库设计架构并提供服务。

4.3.2　数据库和 FaaS 的联动

为了确保数据库连接的安全性，在 FaaS 平台访问数据库时，需要配置私有网络 VPC，将数据库和函数放置在相同的 VPC 内，可以通过私有网络安全连接云数据库。

1. 关系型数据库

FaaS 访问关系型数据库时，在开通对应访问权限、配置网络后，可以通过对应的数据库客户端直接连接。代码清单 4-5 所示是一个基于 Python 连接 MySQL 数据库。

代码清单 4-5　FaaS 连接 MySQL 数据库示例

```
# -*- coding: utf8 -*-
import datetime
import pymysql.cursors
import logging
import sys
import pytz

# MySQL 数据库账号信息，需要提前创建数据库，建议用环境变量方式传参
Host = '******'
User = '****'
Password = '****'
Port = 63054
DB = u'SCF_Demo'

logging.basicConfig(level=logging.INFO, stream=sys.stdout)
logger = logging.getLogger()
```

```
logger.setLevel(level=logging.INFO)

# 更改时区为北京时区
tz = pytz.timezone('Asia/Shanghai')

g_connection = None
g_connection_errno = 0
def connect_mysql():
    global g_connection
    global g_connection_errno
    try:
        g_connection = pymysql.connect(host=Host,
                                       user=User,
                                       password=Password,
                                       port=Port,
                                       db=DB,
                                       charset='utf8',
                                       cursorclass=pymysql.cursors.DictCursor)
    except Exception as e:
        g_connection = None
        g_connection_errno = e[0]
        print("connect database error:%s"%e)

print("connect database")
connect_mysql()
def main_handler(event, context):
    print('Start function')
    print("{%s}" % datetime.datetime.now(tz).strftime("%Y-%m-%d %H:%M:%S"))
    print("g_connection is %s" % g_connection)
    if not g_connection:
        connect_mysql()
        if not g_connection:
            return {"code": 409, "errorMsg": "internal error %s" % g_
connection_errno}

    with g_connection.cursor() as cursor:
        sql = 'show databases'
        cursor.execute(sql)
        res = cursor.fetchall()
        print res

        sql = 'use %s'%DB
        cursor.execute(sql)

        # 创建数据表
        cursor.execute("DROP TABLE IF EXISTS Test")
        cursor.execute("CREATE TABLE Test (Msg TEXT NOT NULL,Time Datetime)")
```

```
        time = datetime.datetime.now(tz).strftime("%Y-%m-%d %H:%M:%S")
        sql = "insert INTO Test ('Msg', 'Time') VALUES (%s, %s)"
        cursor.execute(sql, ("test", time))
        g_connection.commit()

        sql = "select count(*) from Test"
        cursor.execute(sql)
        result = cursor.fetchall()
        print(result)
        cursor.close()

    print("{%s}" % datetime.datetime.now(tz).strftime("%Y-%m-%d %H:%M:%S"))

    return "test"
```

需要注意的是，一般在 FaaS 连接关系型数据库时，需要管理连接池，实现连接复用。

❏ 通过 Redis 进行数据缓存，从而有效控制实际的数据库连接。

❏ 调整数据库的超时时间，同时在代码中针对断开的连接做重连策略。

❏ 适当限制 FaaS 函数的并发，使其小于数据库承载的最大连接数，防止数据库高负载。

❏ 通过限制连接用户数、扩容并增加数据库 max_connections 等方式进行优化。

对于用户来说，最好的方案当然是不需要考虑数据库的连接管理，在数据库层也能够实现 Serverless 化。针对这个需求，AWS 发布了 Aurora Serverless for MySQL，实现了关系型数据库的弹性伸缩和按需付费（无请求时销毁数据库实例），并且支持 HTTP 方式的连接和访问，降低了数据库使用的门槛。

2. 非关系型数据库

在 Serverless 和非关系型数据库的联动中，AWS Lambda 和 DynamoDB 的打通最为典型，其他云提供商也在逐步提供类似的服务，本节主要介绍这种连接及其开发模式。

DynamoDB 是一个非关系型 Key-Value 键值存储数据库。它不会通过结构化、关系型的方式存储数据，而是用简单的 Key-Value 格式存储 JSON 对象。此外，DynamoDB 是分布式数据库，因此提供了天然的冗余和备份能力。

在 DynamoDB 中，表（table）、数据（item）和属性（attributes）是三个核心概念。其中，每个表由一个或多个数据组成，每个数据又由一个或多个属性组成。每个表需要设置主键（primary key）作为索引，主键可以由单一的分区键（partition key）组成，也可以由分区键和排序键（sort key）组成，即复合主键。不管使用哪种方式，最后的组成的主键在一张表中必须是唯一的。DynamoDB 中各个概念之间的关系如图 4-15 所示。

图 4-15　DynamoDB 概念介绍

AWS Lambda 可以通过配置数据库触发器的方式，一键打通 DynamoDB，也可以在函数代码中实现数据库的增删改查。例如每次更新 DynamoDB 表时，该操作都可以作为事件触发 Lambda 函数，执行自定义逻辑。对应的触发事件格式如代码清单 4-6 所示。流事件可以同步触发函数进行数据库操作，也可以批量读取，进行数据库操作。AWS DynamoDB 大大降低了开发人员对数据库运维和管理的依赖，进一步拓展了开发者的边界。

代码清单 4-6　DynamoDB 事件结构

```json
{
    "Records": [
        {
            "eventID": "1",
            "eventVersion": "1.0",
            "dynamodb": {
                "Keys": {
                    "Id": {
                        "N": "101"
                    }
                },
                "NewImage": {
```

```
                "Message": {
                    "S": "New item!"
                },
                "Id": {
                    "N": "101"
                }
            },
            "StreamViewType": "NEW_AND_OLD_IMAGES",
            "SequenceNumber": "111",
            "SizeBytes": 26
        },
        "awsRegion": "us-west-2",
        "eventName": "INSERT",
        "eventSourceARN": eventsourcearn,
        "eventSource": "aws:dynamodb"
    },
    {
        "eventID": "2",
        "eventVersion": "1.0",
        "dynamodb": {
            "OldImage": {
                "Message": {
                    "S": "New item!"
                },
                "Id": {
                    "N": "101"
                }
            },
            "SequenceNumber": "222",
            "Keys": {
                "Id": {
                    "N": "101"
                }
            },
            "SizeBytes": 59,
            "NewImage": {
                "Message": {
                    "S": "This item has changed"
                },
                "Id": {
                    "N": "101"
                }
            }
        },
        "StreamViewType": "NEW_AND_OLD_IMAGES"
    },
    "awsRegion": "us-west-2",
        "eventName": "MODIFY",
        "eventSourceARN": sourcearn,
        "eventSource": "aws:dynamodb"
    }
```

4.4　Serverless 和消息队列

在 Serverless 架构中，涉及消息处理、异步解耦的场景时，消息队列的打通就变得尤为重要了。本节将介绍消息队列 Kafka 的基本概念和特性，并举例说明消息队列和 Serverless 关联的场景。

4.4.1　基本概念

Apache Kafka 是一个分布式的流数据平台，既可以作为消息引擎，用来对流数据进行发布和订阅，也可以作为消息的流失存储，确保存储的容错性，还可以作为一个流处理的平台提供服务，对流数据进行处理。Apache Kafka 的架构及特性如图 4-16 所示。

图 4-16　消息队列 Apache Kafka 架构

由于 Apache Kafka 是一个开源项目，搭建方式简单便捷，并且具备高性能的特点，因此许多企业会选择自建 Kafka 集群。但是随着业务消息量增加，自建集群会出现各种各样的问题，需要开发人员持续运维，针对参数配置进行调优，保证维持高性能运行，并且快速处理突发故障，对集群的健康状况进行监控和扩缩容，在进阶使用 Kafka 服务及周边组件的过程中也有一定的门槛。因此，市面上也出现了商业化公司如 Confluent，提供消息队列 Kafka 的托管服务。公有云厂商也提供了 Cloud Kafka 的云端解决方案，通过增加下列特性，保证 Kafka 服务的托管、伸缩和免运维。

❑ 高可用：提供磁盘高可靠，即使服务器坏盘达到 50%，也不会影响业务，保证数据不丢失。

❑ 高可靠：提供多副本备份，支持跨可用区容灾。

❑ 水平扩展：解决开源版本 Kafka 长期以来数据水平扩展和迁移的痛点，配置升级无感知。

❑ 鉴权和安全性：支持云上私有网络隔离、账户权限管理以及 SASL 等鉴权方式，保证公网访问的安全性。

❑ 数据监控告警：针对集群提供默认的指标监控和告警配置（例如消息条数、磁盘容量、峰值带宽等），及早发现异常问题。

❑ 云上服务打通：支持和公有云上的对象存储、MapReduce 等服务一键打通。

❑ 开源兼容：完全兼容 Kafka 0.9、0.10 和 1.1.1 等社区版本。

消息队列 Kafka 在日志转储、大数据分析等场景下均有典型的应用。如图 4-17 所示，某知名电商在做视频直播的过程中，利用 CDN 做数据分发，产生许多日志数据。业务方需要利用日志数据进行实时数据分析，因此客户选择将流式数据上传到 Kafka 中，并由业务团队实时拉取进行消费，从而实现了分钟级别的数据分析能力。

图 4-17 消息队列 Kafka 在日志转储场景的应用

消息队列在大数据分析方面也有非常广泛的应用。如图 4-18 所示，某知名 UGC 视频企业通过自建 Kafka 和 ELK 的方案进行数据处理、过滤，但随着数据量增大，自建运维成本越来越高。因此该企业选择结合公有云的大数据套件＋消息队列 CKafka 的方案，划分数据清洗和计算、数据检索、数据罗盘等阶段，对数据流转过程进行优化，并且针对业务波峰波谷，支持平滑扩缩容。

图 4-18　消息队列 Kafka 在大数据分析场景的应用

4.4.2　消息队列和 FaaS 的联动

接下来我们继续了解消息队列和 Serverless 结合的场景及优势。如图 4-19 所示，在一个较为通用的流数据处理模型中，上游有多种多样的数据源，如数据库、应用运行过程中采集的日志、第三方数据源等。通过采集工具将这些数据导入消息队列 Kafka 中，之后再通过各种流处理工具对这些数据进行加工，最终对加工后的数据进行存储落盘或中转处理。

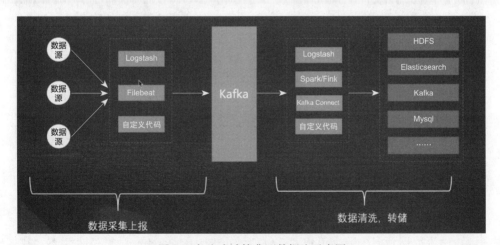

图 4-19　流式计算典型数据流示意图

在这个过程中，FaaS 可以在数据采集和数据处理环节提供快速、简单、水平扩展的处理能力，从而确保数据处理流的完整性。FaaS 本身具备以下几个特点，能够很好地支持消息队列上下游的处理能力。

□ 使用成本低（提供多语言的支持，包括自定义运行时）。

□ 近乎无限的横向扩容能力。

□ 支持多种触发方式，如事件触发、定时触发、API 接口调用触发等。

□ 按需付费，空闲时不付费。

在没有 FaaS 参与上述架构的情况下，一般流处理工具和采集工具需要客户自建和运维。例如最典型的 ELK 集群，消息队列转到 Elasticsearch（ES）组件的过程中，需要用户创建 ES 和 Logstash 资源，并了解对应的导入配置。而结合 FaaS 和消息队列触发器的方案时，只需要用户选择对应的模板，即可默认打通消息队列到后端的对象存储 /ES 等集群，降低了学习门槛，且无须对函数集群进行运维，可以满足业务波峰波谷的需求。使用 FaaS 后式计算的典型数据流示意如图 4-20 所示。

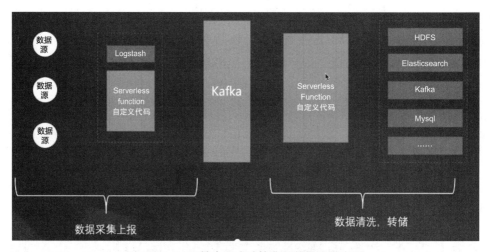

图 4-20　FaaS 结合流式计算典型数据流示意图

最终架构如图 4-21 所示，消息队列 Kafka 结合 FaaS 函数的多种配置模板，可以实现一键转储流数据到多个数据消费者，例如云上 Elasticsearch、对象存储 COS、数据库 TencentDB、数据仓库 Data Warehouse 等。可以说，Serverless 结合消息队列，实现了更为通用的流数据处理方案，搭建了"云上数据管道"。

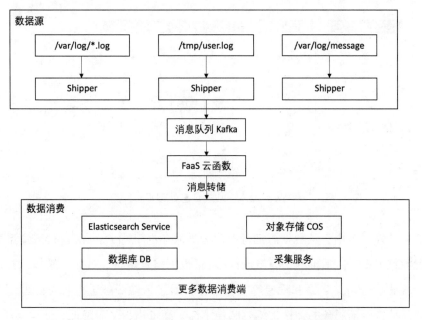

图 4-21　消息队列联动 Serverless 搭建 "云上数据管道"

4.5　Serverless 和日志服务

在软件线上运行的过程中，往往会产生大量数据，例如用户行为数据、日志数据等。合理地对这些数据进行采集和分析，可以辅助产品设计做出更准确的决策。本节将介绍日志服务的基本概念和常用组件，之后详细说明日志服务结合 Serverless 在数据分析、转换和加载流程中的应用。

4.5.1　基本概念

针对日志处理，往往有 ETL（Extract、Transform、Load）三个阶段，即消息提取、转换和加载。这三个阶段可以通过开源服务如 Logstash、Elasticsearch 和 Kibana 等实现，在公有云上也提供了许多一站式解决方案。譬如一站式日志平台，可覆盖数据源的采集、数据转换加载和展示等环节，提供封装好的数据检索、展示和转储的能力。图 4-22 所示是一个通用的日志处理平台架构图。

图 4-22　一站式日志处理平台

在日志处理平台中，从数据源部分获取云端服务的日志、agent 自行采集系统和应用日志进行数据上报。之后通过 LogListener 进行数据格式解析、过滤等操作，并在日志平台中进行检索、分析、告警和投递等二次操作。通过云端服务进行日志处理，可以依靠云厂商的支持，保证服务的弹性扩缩容和稳定性、高可用，从而降低企业运维成本。

日志服务在上下文检索、聚合分析等方面均有比较成熟的应用。在聚合分析方面，针对日志执行对应的分析语句，通过 SQL 命令即可获取可视化的分析视图。针对数据的可视化分析服务，如 PowerBI 等，在企业数字化转型的过程中起到了重要的作用。日志聚合的应用实例如图 4-23 所示。

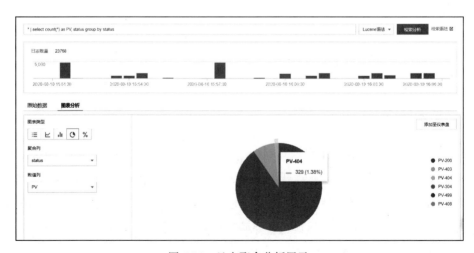

图 4-23　日志聚合分析展示

4.5.2 日志服务和 FaaS 的联动

在 Serverless 应用开发中，核心诉求是希望用最少的工作量，实现最高的效率，开发最可靠的应用。而在这个过程中，计算存储等资源被托管到云端，大大降低了平台和资源的运维成本，开发者和企业只需要针对业务提供运维工作，例如对业务日志进行收集和分析，而这些工作完全可以借助 FaaS 结合日志服务实现，如图 4-24 所示。

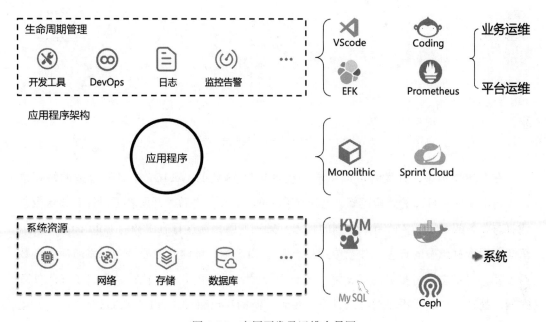

图 4-24　应用开发及运维全景图

具体到日志处理流程中，LogListener 采集到日志后，需要通过用户自建虚拟机 / 容器等方案进行消息向下游的分发和转储。在这种方案下，往往会有以下几个问题。

❑ 需要用户自行购买虚拟机 / 容器等，成本高、周期长。

❑ 需要运维服务器，关注日志服务整体的高可用和安全性。

❑ 除了业务处理逻辑外，还需要针对不同的语言环境编写服务框架。

针对上述问题，可以通过日志服务触发 FaaS 函数，对日志进行自定义处理，从而进一步降低整个架构的开发和运维成本，实现一键式日志导入和转储，便捷地对接到后端服务，如对象存储、Kafka 消息队列、Elasticsearch 等。结合日志服务和 FaaS 架构及运行原理如图 4-25 所示。

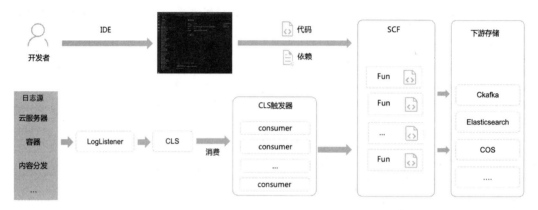

图 4-25　云函数处理日志运行原理

在上述架构中，开发者可以在本地或者 FaaS 函数的 WebIDE 中选取合适的编程语言，自定义编写日志的处理逻辑，并上传到 FaaS 平台。之后，开发者可以针对该函数创建日志服务的触发器，监听采集到的日志。另一方面，通过日志服务的 LogListener 可以采集不同数据源中的日志，并上传到日志服务 CLS 中，此时日志服务会触发对应的函数触发器，对日志进行批量消费，将日志异步转发到云函数平台，执行函数自定义的处理逻辑。处理完毕后，再将对应的日志上传到下游的存储组件（如 ES、COS 等）中。在整个处理流程中，我们使用的组件都是基于云端服务，可以弹性扩缩容的，因此可以有效降低运维压力，让开发者专注于业务逻辑的实现。

4.6　其他扩展能力

除了上面提到的常用 BaaS 服务之外，Serverless 的另一大特点是可以与第三方服务结合。在联动方式上，一些服务可以通过触发器直接打通，例如消息队列、物联网服务等；另外一些服务可以通过 FaaS 函数主动调用 API 和 SDK，作为后端提供服务。本节主要对第三方扩展能力进行简单分类，并举例介绍一些典型的应用场景。

- 鉴权认证类：如 AWS Cognito 等。
- 音视频、人工智能和机器学习等特定领域的应用：如文字识别、语音转文字、机器学习模型服务等。
- 通知/订阅服务：包括主动推送的消息和 RSS（Really Simple Syndication，简易信息聚合）订阅和拉取内容。如短信服务 SMS、Twilio、企业微信提醒、Slack 机器人等。
- 消息队列：通过消息队列生成的事件触发函数进行二次处理、业务解耦。
- 物联网：如智能设备的连接、对话平台等。
- 数据获取：如 GraphQL API、Salesforce 系统等。
- 打通 CI/CD 或监控服务：如 GitHub、Datadog 等提供的接入 API，可实现自动化工作流。

以下是几个典型的 Serverless 结合第三方服务场景。

- 图像识别服务：通过调用图像识别 API，实现图片转文字，常用于身份证、车牌识别等场景。
- 短信通知服务：通过调用第三方短信等服务，在完成特定操作后给用户发短信。
- ETL：对系统中的日志进行分析和检索并生成报表。
- 数据清洗、转存：结合消息队列进行数据的转储或自定义清洗和转存等逻辑，架构如图 4-26 所示。

图 4-26　函数和消息队列实现数据清洗场景

4.7　本章小结

本章主要对 Serverless 的重要组成部分：BaaS 中的典型服务和场景进行分析。联动 FaaS 和 BaaS 服务，可以构建完整的 Serverless 应用。此外，本章对每个 BaaS 服务适配的典型场景进行说明和举例，帮助读者对 Serverless 下怎样联动 BaaS 服务有了进一步的认识，对于一些典型方案如文件上传、音视频转码等，本章也提供了参考示例。

结合这些功能强大的 BaaS 服务，Serverless 的能力边界得到了进一步的拓展，在各个行业和场景都有广泛的应用。

Serverless 开发工具及调试能力

前面我们主要介绍了 Serverless 的一些理论知识，但是并未清晰介绍如何开发一个 Serverless 项目。既然是开发，开发工具必不可少，毕竟 Serverless 包括 FaaS 和众多 BaaS 服务，要手动一个一个使用和管理，是一件很烦琐的事情。于是拥有一个好的开发工具，就显得尤为重要。此外，和本地开发方式不同，在基于云端服务的开发过程中，拥有好的调试体验也十分重要。本章将从实际出发，介绍在 Serverless 日常开发过程中用到的开发工具和调试策略。虽然各个云厂商都开发了针对自己产品的开发者工具，但这些工具都是和厂商自身云服务强绑定的，也就意味如果客户使用了其中一个云厂商工具，服务基本很难再迁移到其他云厂商了。

为了解决跨云服务的问题，开源社区 GitHub 孕育出了很多优秀的开发工具，比如 Serverless Framework、Apex 等，因此也受到广大开发者的青睐。本章将以跨平台的开发工具为主，帮助读者了解如何使用这些开发工具，以便在今后的开发工作中能够快速和高效地开发 Serverless 应用。此外，本章将介绍 Serverless 应用开发过程中的调试能力并提供一种云端调试的方案和策略。

5.1 Serverless Framework

Serverless Framework 是一个命令行工具，它使用基于事件触发的计算资源，如 AWS Lambda、腾讯云云函数、阿里云函数计算等，如图 5-1 所示。此外，Serverless Framework 为开发和部署 Serverless 架构提供了脚手架、自动化工作流以及最佳实践，并且支持通过插件进行功能扩展。

图 5-1   Serverless Framework

Serverless Framework 是一个遵循 MIT 协议的开源项目，并且由全职的、有投资者支持的创业团队积极维护。该团队致力于打造多云平台的管理工具，可以很好地支持主流的云厂商，这也是 Serverless Framework 工具的一大亮点。目前支持的云厂商如图 5-2 所示。

Serverless Framework 不仅提供了以函数为核心的解决方案，还推出了 Serverless Plugin（插件模式）和 Serverless Component（组件模式）的开发方式。就是说，Serverless Framework 不仅关注 Serverless 中的 FaaS，也关注 BaaS，将 API 网关、对象存储、CDN、数据库等众多后端服务和函数计算进行有机结合，让用户可以一站式开发、部署和维护。

图 5-2   Serverless Framework 支持的云厂商

5.1.1　YAML 配置文件

Serverless Framework 开发工具的核心是基于配置文件组织和管理项目的，通常这个配置文件的格式是 YAML。当然，官方还提供了其他配置方式，这里建议使用 YAML，方便后续开发的统一化管理。在执行 Serverless Framework 提供的命令时，都会先读取 YAML 配置文件，然后基于配置参数执行相应的操作。图 5-3 所示是一份配置文件示。

基于以上配置，我们在项目中执行部署 serverless deploy 命令时，首先会基于配置中的 component 字段判断使用的是哪个组件，然后创建 name 指定的实例，之后将 inputs 的输入参数传递给 scf 组件，最后该组件会基于 inputs 配置创建、更新相应的云函数。

图 5-3　Serverless Framework YAML 配置文件

5.1.2　什么是 Serverless Plugin

Serverless Plugin 是一种基于函数粒度的管理工具，无论是针对哪个云厂商，它的目标就是对 FaaS 进行管理。Serverless Plugin 可以很轻松地管理、使用 FaaS 服务，而且还提供了插件机制，这意味着用户可以使用官方或者第三方提供的丰富的插件构建和部署函数。

举个简单的例子，我们需要部署一个腾讯云云函数，但是 Serverless Framework 只是一个基础工具而已，它并不知道我们将来部署哪个云厂商的函数，那么我们可以在 YAML 配置文件中指定 provider 对象属性下的 name 字段为 tencent，同时 plugins 属性引入指定的插件 serverless-tencent-scf，如图 5-4 所示。

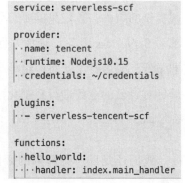

图 5-4　Serverless Plugin YAML 配置文件

这样在执行 serverless deploy 命令时，Serverless 命

令行工具就知道部署的是腾讯云云函数了，同时根据 serverless-tencent-scf 插件的部署逻辑进行部署。

针对不同的开发需求，GitHub 社区提供了丰富的插件供开发者使用。截止到本书定稿，GitHub 社区已有 215 个开源插件，可见社区生态是非常火热的。

Serverless Plugin 不仅支持部署，还支持本地函数调用执行、离线调试等功能，可以说它把函数的管理做得淋漓尽致。

5.1.3　什么是 Serverless Component

Serverless Component 就像搭建乐高积木一样，通过组合来实现更加高级的功能，方便开发实际业务。

比如开发一个 Web 站点，可能需要静态资源托管、函数计算、API 网关、CDN、数据库等服务。那么我们就可以使用基础组件搭建应用级别的组件。比如使用 SCF 组件部署后端服务逻辑到云函数，使用 COS 组件将静态资源部署托管到云对象存储服务等。

由此可见，Serverless Component 开发模式更加灵活多变，而且可以复用，提高开发效率。依赖社区提供的组件，我们只需要部署命令，就可以一键部署 Serverless 服务，非常方便快捷。学习成本也非常低，只需要了解对应组件提供的配置参数，然后针对自己的业务进行定制化配置，最后执行部署命令即。

我们还是以一个简单的云函数为例，如图 5-5 所示。

基于以上配置，执行 serverless deploy 部署命

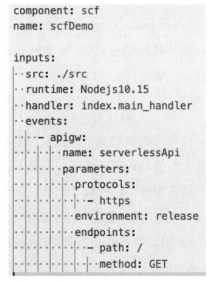

```
component: scf
name: scfDemo

inputs:
··src: ./src
··runtime: Nodejs10.15
··handler: index.main_handler
··events:
····- apigw:
········name: serverlessApi
········parameters:
··········protocols:
··········- https
··········environment: release
··········endpoints:
··········- path: /
············method: GET
```

图 5-5　Serverless Component YAML 配置文件

令，就会自动在云端创建云函数和 API 网关服务，同时将它们关联，这样就可以通过 API 网关提供的自定义域名访问云函数了。

而且，创建云函数和 API 网关服务的状态都会保存在云端，并与部署产生的实例关联，因此下次无论在哪台开发机上执行部署命令，只要用相同的账号授权，都会优先读取该实例的状态，然后更新对应的云端服务。

⊙注
　意　因为 Serverless Framework 在中国与腾讯云深度合作，所以目前 Serverless Component 开源生态只支持腾讯云，在使用 Serverless 组件开发时，需要先注册腾讯云账号。

5.1.4　Serverless Plugin 与 Serverless Component

虽然 Serverless Plugin 提供了丰富的插件，但还是以函数管理为核心。然而 Serverless 不仅管理函数资源，还需要管理关联的 BaaS 服务，比如 API 网关、云对象存储、云数据库等。

由于 Serverless Component 之间可以存在依赖关系，我们在开发工作中能够更加灵活地组织和使用 Serverless 资源。

因此，相较于 Serverless Plugin，Serverless Component 的开发模式更加全面，并且更符合 Serverless 的开发模式。这也是 Serverless Framework 开发团队逐渐将工作重心转向 Serverless Component 的原因。

5.1.5　安装和使用

通过 Node.js 自带的包管理工具 NPM 安装 Serverless Framework，命令如下所示。

```
$ npm install serverless -g
```

通过 init 命令，可以很方便地在本地初始化一个 Serverless 组件模板项目，模板包含组件使用及示例代码，可以让用户更快地了解和上手，本文以 Express 组件为例。

```
$ serverless init express-starter --name serverless-express
```

进入项目目录，安装应用依赖，命令如下所示。

```
$ cd serverless-express && npm install
```

在 serverless.yml 文件的目录中运行 serverless deploy 命令部署 Express 项目，如代码清单 5-1 所示。

代码清单 5-1　部署 Express 项目

```
$ serverless deploy
serverless ⚡framework
Action: "deploy" - Stage: "dev" - App: "appDemo" - Instance: "expressDemo"

region: ap-guangzhou
apigw:
    serviceId:    service-xxx
    subDomain:    service-xxx-xxx.gz.apigw.tencentcs.com
    environment: release
    url:          https://service-xxx-xxx.gz.apigw.tencentcs.com/release/
scf:
    functionName: express_component_k7aaley
    runtime:      Nodejs10.15
    namespace:    default
    lastVersion:  $LATEST
    traffic:      1

Full details:
https://serverless.cloud.tencent.com/instances/appDemo%3Adev%3AexpressDemo
```

部署成功后，访问生成的 API 网关 -https://service-xxx-xxx.gz.apigw.tencentcs.com/release/，如图 5-6 所示。

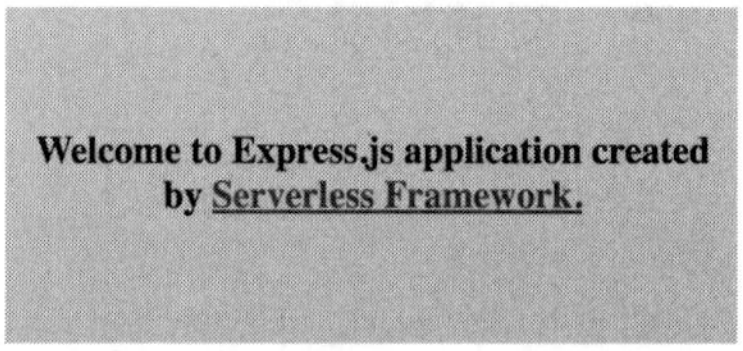

Welcome to Express,js application created by Serverless Framework.

图 5-6　Serverless Component Express 部署效果

5.1.6　Serverless Component 部署原理

Serverless Component 经历过两个版本，两个版本的部署原理如图 5-7 所示，图中虚线代表云端执

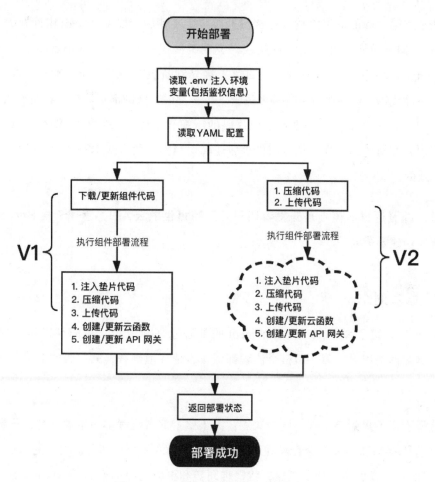

图 5-7 Serverless Component 部署原理

行步骤。

无论是哪个版本，都是从 Serverless CLI 执行部署命令开始的，而且都会经历如下两个步骤。

❑ 读取开发者配置的 .env 文件，包括云厂商的鉴权信息和部署流程需要注入的环境变量。

❑ 读取 YAML 配置，通过此配置确定使用哪个组件进行部署，并将 YAML 配置中的 inputs 参数传递给组件使用。

先来看第一版的部署流程：在执行上述两个步骤后，根据 YAML 中配置的组件名，从官方 NPM 仓库搜索组件对应的模块，下载组件代码到本地 ~/.serverless/components/registry/npm/ 目录中。如果再次执行部署，会先判断版本是否更新，确定是否重新下载依赖的组件代码，最后执行组件部署逻辑。再来看第二版的部署流程：将组件放到云端，在执行组件部署逻辑前，先进行本地代码的压缩和上传，然后根据 YAML 中的组件配置，调用云端对应的组件，执行组件部署逻辑。当然，两个版本对同一个组件的部署逻辑是一致的。

组件部署逻辑的核心是**开发者调用云厂商提供的云 API，管理云端 Serverless 资源**，比如创建云函数。

5.1.7　版本对比

5.1.6 节介绍了 Serverless Component 的部署原理和流程，我们可以很明显地看出两个版本之间的差异：第一版整个流程都依赖本地环境部署，第二版的部署是在云端执行的。

这里不得不提到第一版的两个缺点：由于整个部署流程都在本地进行，导致项目在本地部署的状态和结果都会存储在开发者当前部署的机器中（当前项目的 .serverless 文件），如果开发者更换了开发机器，就很难同步和更新之前部署的 Serverless 资源了。此外，我们知道第一版在执行部署前，会通过 npm install 命令下载对应的组件，由于网络原因，这对于中国用户很不友好。所以中国开发者不得不将官方 npm 源改为其他较快的npm 源。

第二版可以解决上述缺陷，而且就目前来看，问题解决得很好。但是由于将组件的核心逻辑转移到了云端，细心的读者可以从图 5-7 的原理图发现：**代码传递链路变长了**，相对于第一版，第二版多了代码下载和上传两个步骤，导致在网络状态比较差或者代码体积过大时，部署时间会变长。

为了解决这个问题，第二版专门将代码打包和上传步骤优化为一个步骤，即**边压缩**

边流式上传，这样大大优化了部署流程。

Serverless Component 的使用就简单介绍到这里，想要深入了解的读者可以访问 https://github.com/serverless/components 查看更多资料，当然也可以尝试为社区贡献组件。

5.2　Apex

提到 Serverless 的开源工具，就不得不提 Apex。Apex 是 TJ Holowaychuk 个人创办的开源组织，该组织的宗旨是给全球的开发者提供简单、优雅和高效的软件解决方案。除了性能、运行监控和大规模日志管理方案外，他们还提供了更多解决方案，用来帮助开发者开发产品。

Apex 的命令行工具叫作 Up。基于 Up，开发者可以快速部署无限可扩展的无服务应用、API 或者静态网站，从而能够更加专注业务实现。

Up 提供了免费的 OSS 版和收费的 Pro 企业版，聚焦在部署通用的 HTTP 服务，因此用户无须学习任何新的知识就可以直接上手部署 Express、Koa、Django、Golang net/http 等 HTTP 服务。Up 命令行目前支持开箱即用的 Node.js、Go、Python、Java、Crystal、Clojure 和静态站点。

Up 本身支持跨云厂商，只是当前只支持 AWS Lambda 和 API 网关。

5.2.1　安装使用

 注意 在本书截稿时，Apex Up 工具只支持 AWS，上手实操请先注册 AWS 账号。

本节将带领大家快速体验 Up 工具。

通过 Curl 方式安装 Up，命令如下。

```
$ curl -sf https://up.apex.sh/install | sh
```

在使用 Up 工具前，需要创建鉴权文件 ~/.aws/credentials，内容如代码清单 5-2 所示。

代码清单 5-2 鉴权文件内容

```
[default]
aws_access_key_id = xxxxxxxx
aws_secret_access_key = xxxxxxxxxxxxxxxxxxxxxxxx
```

实际开发中，还可以根据项目需求针对密钥进行权限配置。

接下来，创建项目文件夹 up-http-server，在其中创建 app.js 文件，内容如代码清单 5-3 所示。

代码清单 5-3 app.js 文件内容

```
const http = require('http')
const { PORT = 3000 } = process.env

http.createServer((req, res) => {
    res.end('Hello World from Node.js Server Created By Apex Up\n')
}).listen(PORT)
```

新建 up.json 配置文件，如代码清单 5-4 所示。

代码清单 5-4 up.json 文件内容

```
{
    "name": "up-http-server ",
    "regions" : [ "us-west-2" ]
}
```

由于 Up 是基于 Git 命令的提交记录部署的，所以在部署前，需要将项目初始化为 Git 项目，命令如下。

```
$ git init
$ git add .
$ git commit -m 'feat: init project'
```

执行部署，命令如下。

```
$ up
    build: 4 files, 7.0 MB (395ms)
    deploy: staging (commit 185dac5) (19.431s)
    endpoint: https://xxx.execute-api.us-west-2.amazonaws.com/staging/
```

部署成功后，访问生成的 API 网关：https://xxx.execute-api.us-west-2.amazonaws. com/staging/。如图 5-8 所示。

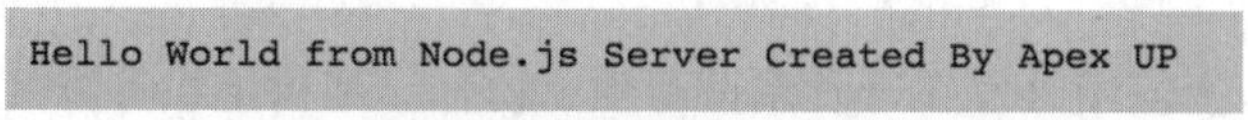

Hello World from Node.js Server Created By Apex UP

图 5-8 Apex Up 部署效果

5.2.2 实时日志

Up 部署完成后，默认给项目添加日志服务，可以在项目中执行日志命令，实时访问日志，如图 5-9 所示。

图 5-9 Apex Up 实时日志展示

可以看到，执行 up logs -f 命令后，控制台会实时监听服务。用户在访问部署的 HTTP 服务时，实时输出请求日志到控制台，这些信息很全面，包括 API 网关请求和 Lambda 执行详情。

5.2.3 监控数据

在 Up 项目中执行 up metrics 命令就可以看到相关监控指标。官方后续会提供更加直观的监控图形，目前可以看到如图 5-10 所示的监控指标。

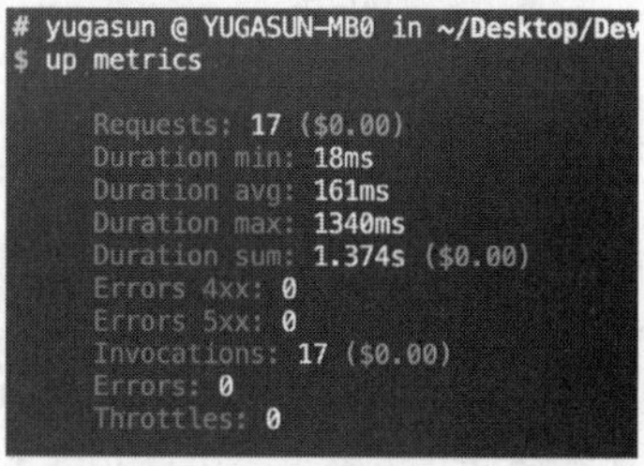

图 5-10 Apex Up 监控数据展示

5.3 Serverless 云端调试

基于云原生的概念，得益于云的出现和虚拟化技术的发展，Serverless 架构摆脱了传统开发过程中对内存、CPU 和硬盘的物理设备的束缚。开发者通过调用云 API 可以获取所有资源甚至服务，但对于开发者和存量业务来说，在开发云原生应用的过程中，不可避免地也会面临一些问题：之前的传统开发环境、工具甚至语言框架都是为了传统应用架构做准备的，云上应用开发在开发调试习惯、协作、架构组织等方面都有不小的挑战。相信在单机中，开发传统应用的开发者都会想起单机开发 LAMP 应用时的流畅体验：改代码、保存、刷新 localhost:8000 就能实时看到效果。而在云原生的架构下，由于资源部署在云端，开发和调试都变得困难了。

目前解决开发调试问题的思路主要有两种。

1. 搭建本地环境模拟云端环境，依然在本地调试，云端部署

对于开发者来说，这种方案的开发调试体验更接近传统开发模式，但保证本地与云端环境的一致性则十分困难。例如，云端和本地操作系统不同，应用代码安装的依赖包跨环境不适配，需要引入 Docker 模拟云端操作系统。此外，接入层和计算层的模拟相对简单，但存储和数据层会涉及更多环境切换和配置同步的工作，例如本地模拟云端的数据库，会给整体的调试工作带来更大的复杂度，引入未知 Bug 和风险。

2. 直接通过云端调试代码

通过云端调试代码看起来是一条"通往未来的路"。代码在云端，然后本地开发、云端调试，不需要再关注本地的配置，问题看似被完美地解决了。但受限于当前的网络速度以及安全性等因素，云端调试需要将本地代码通过网络传输到云端并部署更新，当前的更新速度和体验并不如传统开发那样迅速、便捷，监听远端端口的安全性也需要进一步的保障。

为了解决 Serverless 应用在开发调试过程中的种种问题，各公有云厂商的 FaaS 平台也推出了对应的调试策略。例如 AWS SAM CLI 会引导用户在本地部署 Docker 环境，并

模拟云端服务进行调试；腾讯云 SCF 云函数则结合 Chrome DevTool，针对 Node.js 环境推出了云端调试能力，云端调试的原理如图 5-11 所示。

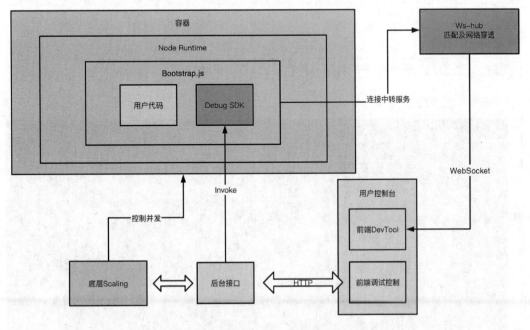

图 5-11 云函数 SCF 云端调试原理

如图 5-11 所示，用户在前端通过 DevTool 等工具进行调试，通过 HTTP 调用后台接口，并触发 Debug SDK，针对业务代码进行调试和修改，最终通过 WebSocket 协议进行实时通信和更新。

接下来我们以此为例，简单介绍云端调试的原理、方法及流程。

（1）开启调试模式

在云函数代码编辑页，点击"远程调试"即可进行云端调试。需要注意的是，为保障调试体验，开启调试模式将修改函数的部分配置，包括函数进入单实例模式、函数超时时间修改为 900 秒等。开启前请务必确认这些调整。

使用快捷键 Cmd+P（Mac）或 Ctrl+P（Windows）可以在调试界面中搜索并选择需要

打开的文件。刚开启调试模式时，打开文件的列表里没有云函数所有代码文件，这是因为对于动态脚本语言来说，调试器不会加载所有的内容，只会加载执行过的文件，因此需要先点击"测试"，让函数运行一次。运行一次之后，控制台就可以打开需的文件了，如图 5-12 所示。

图 5-12　腾讯云函数 SCF 云端调试页面

（2）设置断点

断点可以在开发过程中有效定位问题和异常。和本地的 IDE（如 VSCode）类似，在代码前单击行号即可设置断点，在页面右上角的工具中可以进行继续执行、跨步执行、单步执行等操作，也可以灵活地启动或禁用断点。

（3）内存泄露排查

Node.js 应用的内存泄露排查步骤：找准内存泄露的时机，在泄露发生前后对内存进行快照，通过对比快照的内容判断问题点。在云函数页面可以将调试的窗口切换到 Memory 页面，点击页面左上方的实心圆按钮捕捉内存快照，如图 5-13 所示。

获取运行前的内存快照之后，执行存在内存泄露的代码，这行代码有一个从未清理的全局缓存，随着调用次数的增加，越来越占内存。随后，进行第二次内存快照，打开对比页面，分析 Delta 值，可以发现 concatenated string 这个部分增加了很多内存消耗，很可能有问题。打开便可发现内存中多存储了很多 recording time 的数据，如图 5-14 所示。

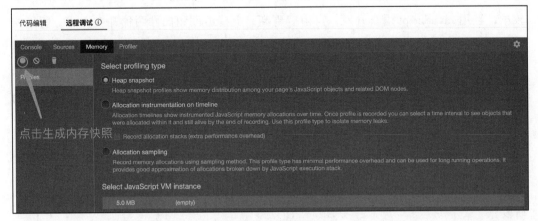

图 5-13　内存快照

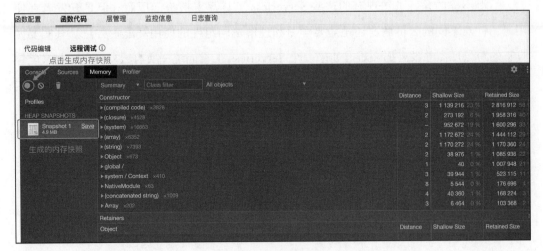

图 5-14　内存快照对比

这些重复性的数据意味着代码中出现了内存泄露，需要在代码中找到相关内容并调整。

除了云函数的控制台，也可以使用 5.1 节提到的 Serverless Framework 开发工具 Dev 模式，开启在线调试功能。

5.4　本章小结

本章介绍了 Serverless 生态相关的开发工具：Serverless Framework 和 Apex，之后介绍了基于 Serverless 的云端调试策略。在开发工具中，因为 Serverless Framework 出现较早，且用 JavaScript 语言开发，自由度更高，支持组件和插件两种开发方式，所以相对于 Apex 更受欢迎一些。而 Apex 使用 Go 语言开发，虽然相对较新，但是它一开始便提供了几乎全套的开发生态、监控和日志服务，未来还有更多可能，这也是它发展很快的原因。为此，Serverless Framework 也开始完善自己的生态，包括监控、日志和 CI/CD服务。

相比于 Apex，笔者更看好 Serverless Framework。虽然 Apex 一出现便展现了强大的功能，但是同样是开源工具，Apex 组织还是以 AWS 为核心，而且很多功能还在实验阶段。

不得不提的是，虽然现有的这些 Serverless 工具都支持跨云厂商，但是开发者在使用时，针对不同的云厂商，还是需要学习和理解不同组件的使用和配置方法。其实要做真正的跨云厂商并没有那么难。如果一个 Serverless 工具能统一所有云厂商的配置（配置字段都是完全一致的），在部署时根据开发者选择的云厂商执行对应云厂商的转化层（这个转化层可以由 CLI 组织研发，也可以由社区的开发者贡献），然后通过调用对应的云API 来管理用户的云端资源，那么用户创建一个云函数后只需要配置一次，就可以无缝地将同一份代码部署到不同的云厂商。目前 GitHub 开源社区不断涌现出了各种优秀的Serverless 开源工具，比如阿里的 Serverless Devs CLI、国外的 pulumi 开源工具，它们都在向着这个方向努力。

第 6 章 *Chapter 6*

Serverless 排障

在传统应用中,开发团队除了编写业务逻辑之外,还需要对业务进行负载监控,并根据业务量对服务资源做扩缩容,处理一些因为非功能故障导致的不可用情况(例如硬盘、内存等硬件设备的故障)。而 Serverless 架构则将开发和运维团队从传统的服务器维护工作中解放出来,让他们可以专注于业务逻辑的实现。但对于 Serverless 应用本身的监控、告警和排障依然是必要的。由于 Serverless 屏蔽了底层资源,对于用户来说更加黑盒,因此对业务的排障与传统的登录服务器、打印日志等方式有所区别,也面临了更大挑战。本章将从监控、日志和告警等几个维度介绍 Serverless 架构下的运维和排障。

6.1　Serverless 监控及告警

Serverless 一方面降低了开发者的运维负担,开发者无须关注底层资源的情况;另一方面,满足了开发者对性能、指标可观察性的需求。目前 Serverless 应用架构大多会涉及多个云服务,函数之间、函数与其他云服务间的调用关系复杂,人工梳理和掌握全局依赖情况的难度大,定位性能瓶颈的难度大,一直困扰着开发者。

在 2021 年，提升可观察性是 Serverless 技术发展的重要趋势。一方面，云厂商为云函数 FaaS 服务提供了配套的可观察功能；另一方面，行业也在不断探寻云函数 FaaS 和现有可观察性解决方案集成的思路，进一步简化流程，降低开发者的学习成本，从而更利于客户平滑迁移已有项目。

6.1.1 基础指标监控

基础指标监控指的是 Serverless 应用中涉及 FaaS 和 BaaS 资源的监控。一般在对应的云服务中都会展示，并且提供标准的 RESTful API 和 SDK 进行拉取。对于用户来说，比较好的处理方式是通过数据面板将这些监控指标聚合展示，便于查看整个应用的运行情况。聚合展示的方式有很多种，一方面可以借助 Serverless Framework Pro 或 Datadog 等商业化 SaaS 产品提供的聚合监控、日志等功能；另一方面，许多云厂商已经开始提供基于应用级别的可视化页面，用于对 Serverless 应用进行管理和排障。此外，我们也可以自建监控大屏，聚合指标进行展示，这样做的好处是更加定制化，但需要投入更多的维护成本。

常用的基础资源和对应的监控指标如下。

❑ 云函数：调用次数、运行时间、错误次数、并发执行次数、运行内存、外网出流量等。
❑ API 网关：请求次数、响应时间、错误次数、HTTP 状态码等。
❑ 对象存储：请求次数、存储空间等。

Serverless Framework 提供的监控指标展示如图 6-1 所示。

6.1.2 应用级别监控

除了基础资源提供的指标监控外，应用级别监控也是 Serverless 架构在排障中重要的一部分。应用级别监控又叫作 APM（Application Performance Management，应用性能管理），该技术旨在监控和管理应用程序的性能和可用性，检测和诊断复杂应用程序的性能问题，以保证达到预期的服务水平。

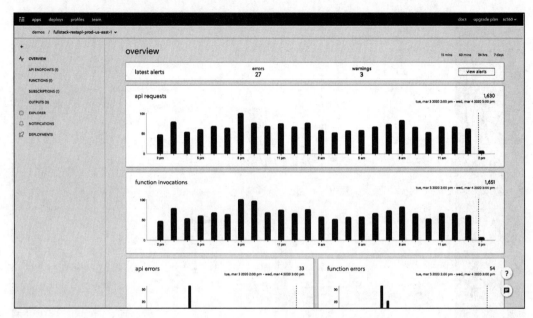

图 6-1　Serverless Dashboard 中的基础监控指标

目前 APM 技术在服务器、容器场景下已经相对成熟，使用 APM 技术可以实时洞察整个系统的运行状态，通过链路追踪分析每一次运行、每一次异常，快速发现系统中的性能瓶颈，帮助后台解决问题，保障用户体验。

在 Serverless 架构下，APM 技术主要用于获取应用 / 语言框架内部的监控指标和数据。如果将 Express.js 的 Web 框架部署到 Serverless 架构中，除了对应的函数、网关等资源监控外，用户也需要查看 Express 框架相关的监控指标，例如某个 API 在框架内路由的延迟、错误次数、不同 API 路径的调用次数等。

对于应用级别监控的实现，各云服务商都提供了自定义监控指标的上报能力，用户通过规范自定义数据的上报，得到业务内部的监控视图。例如 AWS CloudWatch Metrics 和腾讯云自定义监控平台等，都提供了自定义监控指标上报的能力。此外，也支持用户通过第三方 SaaS 服务，引入对应的服务代理，提供一键式监控上报和展示功能，如 Serverless Framework Pro 和 APM New Relicdou 等，支持对不同开发语言的 Web 框架进行快速配置、部署和数据收集展示，如图 6-2 所示。

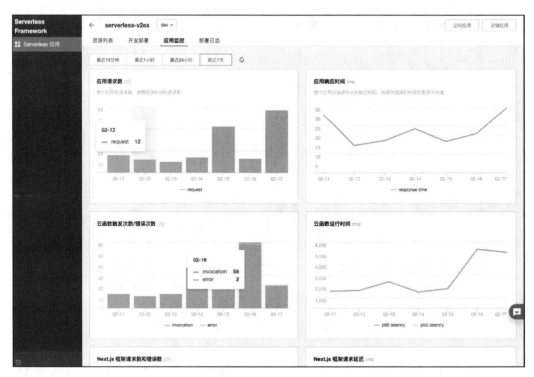

图 6-2   腾讯云 Serverless 控制台中的应用监控指标

此外，FaaS 平台结合第三方 APM 厂商，提升监控指标可观测性也是一种十分通用的解决方案，类似 AWS、Datadog、New Relic 等厂商的联动解决方案。在国内，腾讯云 Serverless 与博睿数据、听云、腾讯微服务观测平台等国内领先 APM 团队合作，聚焦应用性能管理，为企业的开发人员、运维人员以及个人开发者提供更多、更完善的应用级监控。

云厂商的 FaaS 和 APM 集成，将可观测性的重点从单个系统转为整体系统。在 Serverless 场景下，即从观测单个函数转为观测 Serverless 应用（包含多个函数及其他服务），通过丰富的指标监控采集分析、依赖拓扑图、调用链分析、日志分析等能力，为开发者全面地展示应用的运行情况。针对应用提供 APM 服务，主要有以下几个方面的优势。

1. 更丰富的基础监控指标采集与展示

由 6.1.1 节可知，公有云 FaaS 平台为用户提供了调用次数、运行时间、受限次数等基础监控指标的展示。在此基础上，第三方 APM 服务可以补充更为丰富的基础监控指标，如初始化次数、冷启动时间、超时次数、吞吐率等，从而更好地评估 FaaS 函数及 Serverless 应用的初始化、运行情况。在现有指标的基础上，APM 服务能够提供更多呈现形式，包括个性化仪表盘等功能。

　　与此同时，用户不仅可以通过服务端进行监控，也可以便捷接入和使用各 APM 服务的客户端进行监控，在一个平台乃至一个数据大屏上，同时监测业务的服务端和客户端，保证业务数据的完整性。图 6-3 所示为国内知名 APM 厂商听云针对 Serverless 应用的性能分解图。

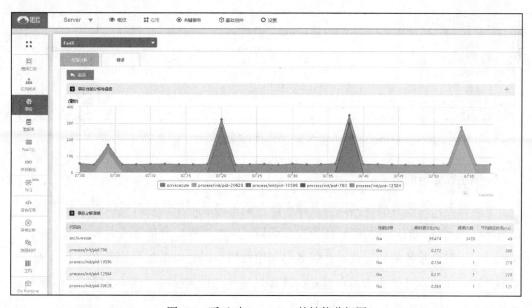

图 6-3　听云对 Serverless 的性能分解图

2. 链路追踪能力

　　对于 Serverless 应用而言，一个应用包括一个或多个函数、API 网关及其他云服务或第三方服务。通过链路追踪，用户可以根据拓扑图高效分析 Serverless 应用各组件的调用关系和延时情况，在复杂系统中快速定位性能瓶颈和异常情况。图 6-4 所示为博瑞 APM 针对应用情况的依赖拓扑图。

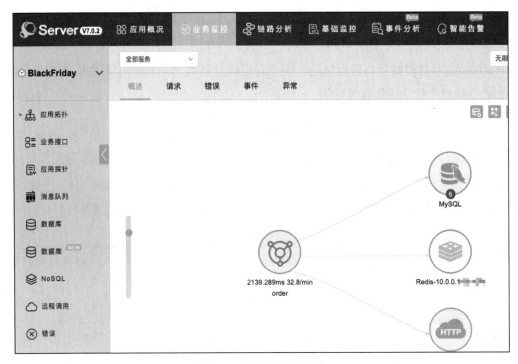

图 6-4　博睿依赖拓扑图

3.调用链分析能力

与依赖拓扑图配合最为紧密的是调用链分析。通过调用链分析可以清晰地展示请求在系统内所有链路的处理情况，还原完整的请求响应过程，分析链路上每个服务的状态和耗时，将每个服务的处理耗时、服务间调用的网络耗时以瀑布图的形式展示出来，方便用户确认每一次异常请求的问题点，更高效地优化应用体验。图 6-5 所示是腾讯微服务平台的调用链分析页面截图。

图 6-5　腾讯微服务调用链分析页面截图

通过云平台产品的联动和第三方 APM 服务相结合，可以有效提升公有云 Serverless 产品的可观测性，为用户业务提供更好的可用性建设，助力业务发展。可观测性（应用级别监控）是 Serverless 生态建设中重要的一环，需要更多合作伙伴的参与和推进，目标是让更多企业和开发者享受 Serverless 技术带来的红利。

6.1.3 Serverless 告警

为了快速发现业务异常，主动发现并修复问题，业务侧需要对监控 / 日志等数据配置适当的告警策略，在业务出现异常时主动提醒。告警配置需要选择对应的监控指标、触发阈值和间隔时间。告警的触达方式有很多种，如短信、邮件、电话、微信等。除了针对基础监控指标、应用指标进行告警配置外，针对某些异常日志的检测和告警配置也十分有必要。

图 6-6 所示是某业务针对 Serverless 函数及网关进行的告警指标配置，图中标注了相关配置参数，如阈值、指标。

（1）网关告警

❑ 前台错误数 ≥ 1 次，告警持续周期 1min 时，按 1 天 1 次的频率重复告警。

❑ 后台错误数 ≥ 1 次，告警持续周期 1min 时，按 5min 1 次的频率重复告警。

图 6-6 Serverless 告警配置示例

❑ 并发连接数 > 1000 条，告警持续周期 1min 时，按 1 天 1 次的频率重复告警。

（2）函数告警

❏ 函数错误次数（HTTP 4xx）≥ 1 次，告警持续 0s（即出现就告警），按 5min 1 次的频率重复告警。

❏ 平台错误次数（HTTP 5xx）≥ 1 次，告警持续 0s（即出现就告警），按 5min 1 次的频率重复告警。

6.2 Serverless 日志

应用日志是排障工作重要的一环，在传统架构下，应用运行时产生的日志会存在本机上，需要查看时可远程登录到服务器获取日志，这种传统架构也可以通过 ELK（Elasticsearch、Logstash、Kibana）方案进行日志的采集、检索和展示。在 Serverless 架构中，需要对应的架构收集业务日志。在云服务中，有一些成熟的日志平台，如 AWS CloudWatch Logs、腾讯云 CLS、Serverless Framework Pro 等，FaaS 平台支持将函数日志转存到对应的日志集中，并提供展示、检索和告警配置等能力。此外，用户也可以将应用的日志上报到 Elasticsearch 中，通过 Grafana 等开源工具进行展示和告警，此时也支持自定义日志的上报统计和告警。图 6-7、图 6-8 分别为 Serverless Pro 日志检索平台和 Grafana 搭建的日志展示系统。

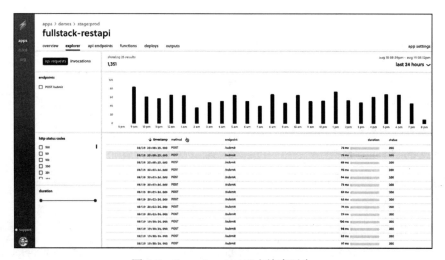

图 6-7 Serverless Pro 日志检索平台

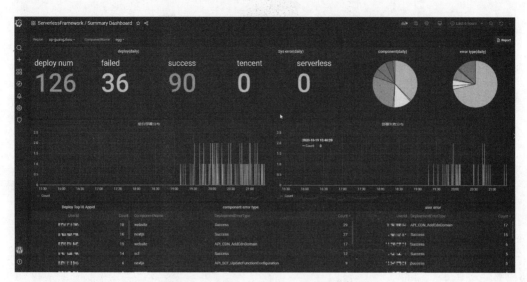

图 6-8　Serverless Grafana 日志展示系统

　　本节将提供一个函数和网关日志上报的示例。此外，如 6.1 节所述，日志部分也可以结合第三方 APM 服务进行导入和展示，如代码清单 6-1 所示。

代码清单 6-1　函数 + 网关日志上报示例

```
data: {

    // 云函数属性
    function: {
        eventSource: "tencent-apigateway",
        duration: 100.74,
        endTime: "2020-08-20T01:03:27.406Z",
        startTime: "2020-08-20T01:03:27.320Z",
        memoryUsed: 1066864640,
        memoryTotal: 1219436544,
        memorySize: 1024,
        timeout: 6,
        functionName: "fullstack-restapi-prod-formSubmit"
        functionVersion: "$LATEST"
        logGroupName: "/aws/lambda/fullstack-restapi-prod-formSubmit"
        logStreamName: "2020/08/20/[$LATEST]54ae1250162612fa78713d6e134f8746e"
        region: "us-east-1",
        isColdStart: true,
        runtime: "nodejs.8.10.0",
        error: true,
```

```
// API 网关触发器触发事件参数
apiGateway: {
    apiId: "x2escr8xla",
    authLatency: 213,
    errorMessage: "",
    httpMethod: "POST",
    integrationLatency: 1090,
    integrationStatus: 200,
    path: "/prod/submit",
    requestId: "c4c5a8d7-c542-4a44-9b12-71df300c27bc",
    requestTime: "20/Aug/2020:01:03:26 +0000",
    responseLatency: 1093,
    responseLength: 53,
    status: 200,
},
}
```

6.3 本章小结

本章主要对 Serverless 排障过程涉及的监控、告警和日志进行了阐述，涉及具体的业务场景，也可以选择不同的技术方案。总的来说，因为 Serverless 架构比传统架构更加黑盒，所以在排障方面更加依赖平台能力和上下游工具。但通过当前云服务商提供的日志、告警和第三方 SaaS 服务，可以更低成本、更高效率地搭建排障平台。

第 7 章 *Chapter 7*

Serverless CI/CD

从最初的瀑布模型，到后来的敏捷开发，再到今天的 DevOps，是现代开发人员构建出色产品的技术路线。随着 DevOps 的兴起，CI/CD 应运而生。CI/CD 是一种在应用开发阶段使用自动化工具达到快速交付的工具。CI/CD 的出现改变了开发人员和测试人员发布软件的方式。

本章将介绍 Serverless 生态中另一个重要的组成部分——Serverless CI/CD。在软件工程中，CI 即持续集成（Continuous Integration）、CD 即持续交付 / 部署（Continuous Delivery/Continuous Deployment）。CI/CD 是开发和运维之间的纽带，减少了不必要的重复劳动，有效提升软件的交付效率，并且减少手工的失误，确保更高的产品质量。CI/CD 已经成为现代软件开发流程中必不可少的一环，被越来越多的企业使用。

那么在 Serverless 应用开发中，CI/CD 扮演着怎样的角色？怎样将 Serverless 开发流程接入 CI/CD？不同的产品之间有什么差异和特点？本章将从上述几个方面入手，分析当前流行的 CI/CD 产品，介绍 Serverless 架构在此过程中的配置方式和使用场景。

7.1 CI/CD 概念和介绍

CI/CD 的核心概念是持续集成、持续交付和持续部署。所谓持续，就是一个连续的过程。我们在软件开发的过程中，通常会对大的任务进行拆分，每当完成一个小功能，就会执行部署和交付，一旦发现问题，便马上修复，不会影响其他部分和后面的环节。

这种做法的核心思想是，虽然我们难以了解完整的需求，但是可以将事情一小块一小块地做，并且加快了交付的速度和频率，使得最终交付的产品在下个环节得到验证，做到早发现、早反馈、早治理。

接下来，我们介绍 CI/CD 的三个核心概念。

7.1.1 持续集成

持续集成强调开发人员提交新代码后，立刻进行构建、（单元 / 集成）测试，然后根据测试结果，快速确定新提交的代码是否存在问题，能否与原有代码集成在一起，如图 7-1 所示。

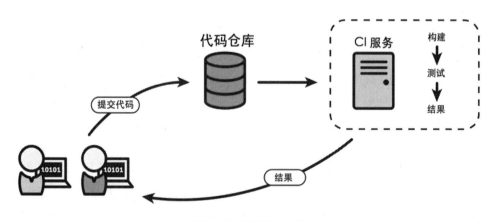

图 7-1　持续集成流程

7.1.2 持续交付

持续交付是在持续集成的基础上，将集成后的代码部署到更贴近生产环境的预发布环境中。比如，我们完成了代码测试，可以将代码部署到可连接预发布的环境中，然后连接真实的数据库备份，进行更接近线上环境的测试，并且移交给 QA 进行真实的用户模拟测试，如图 7-2 所示。如果没有问题，就可以进入下一个环节：部署到生产境。

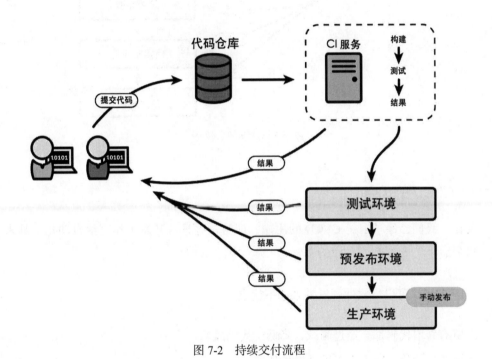

图 7-2 持续交付流程

7.1.3 持续部署

持续部署是在持续交付的基础上，将部署到生产环境的流程自动化。由于此步骤会自动将代码部署到生产环境，因此持续部署在很大程度上依赖于精心设计的测试自动化，如图 7-3 所示。

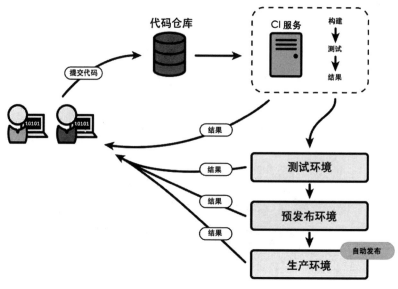

图 7-3　持续部署流程

7.1.4　CI/CD 的优点

现在，我们已经了解了 CI/CD 的用途，即将一些日常开发工作交给自动化工具来完成，尽量减少人力投入。

使用 CI/CD 可以给软件开发带来如下优点。

❑ 所有新增代码都会经过测试，降低了代码风险。
❑ 测试自动化，减少人工手动操作环节。
❑ 通过持续交付，可随时产生可部署的版本。
❑ 代码托管在仓库，增加了系统透明度。
❑ 通过自动化部署，减少人工操作失误，可以增强团队对部署效果的信心。

7.2　Serverless CI/CD 介绍

软件的敏捷开发 DevOps 主要包含了计划→编码→构建→测试→发布→部署→运营

→监控八个环节，敏捷开发能够助力企业快速迭代，提升软件的交付效率，流程如图 7-4 所示。DevOps 更强调开发过程中角色和过程的划分，而 CI/CD 则偏重自动化的工具覆盖。一般工程团队会通过 CI/CD 方式实践 DevOps，从而进一步实现项目的敏捷发。

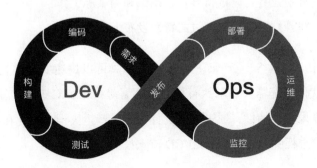

图 7-4　DevOps 全流程

和传统的构建流程相比，Serverless CI/CD 并没有很大区别，主要是将构建后的产物直接部署到 Serverless 架构上，从而实现用户全自动化的开发和部署，流程如图 7-5 所示。

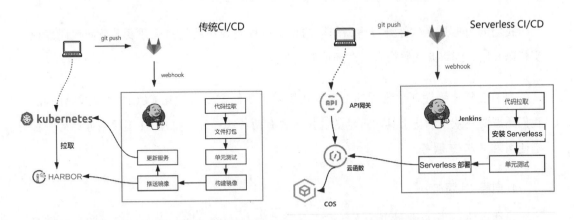

图 7-5　传统 CI/CD 和 Serverless CI/CD 流程的区别

根据第 5 章开发工具的相关介绍，快速开发部署 Serverless 应用需要以下几个步骤。

❑ 下载模板、引入组件：从 Serverless 应用中心下载模板到本地，引入封装好的组件

（例如 express.js）。

❑ 查看或配置 YML 文件：针对应用的名称、地域等信息，可以在 serverless.yml 中
自定义参数配置，管理 Serverless 应用涉及的基础资源配置和引用关系。

❑ 业务开发：针对业务代码进行开发、调试和测试等工作。

❑ 部署上线：将开发完毕并测试过的特性发布上线。

在上述流程中，借助 Serverless Framework 工具可以快速实现模板下载、开发和部
署，但每次修改代码后都需要手动执行构建、部署等命令，对于一些复杂的项目，如涉
及环境隔离和灰度发布等特性，通过人工配置很容易产生失误。因此在企业级 Serverless
应用开发到发布的过程中，需要引入 CI/CD 流水线的支持。

接下来介绍当前主流的几种 CI/CD 服务，并说明如何通过这些服务对 Serverless 应
用进行自动化的构建和部署。

7.3　CI/CD 工具介绍

我们的目标是将软件开发生命周期的整个过程实现自动化，从开发人员向代码库提
交代码开始，到将此代码投入生产环境使用为止。

为了使整个软件开发流程处于自动化模式，我们需要自动化 CI/CD 流水线。因此，
我们还需要一款自动化工具。工具的选择主要有两种：一种是自建 CI 工具服务；另一种
是使用第三方 CI 服务。

1. 自建 CI 服务

谈到自建 CI 服务，最广为人知的工具莫过于 Jenkins。Jenkins 是一个开源、提供友
好操作界面的持续集成（CI）工具，主要用于持续、自动构建 / 测试软件项目、监控外部
任务的运行。Jenkins 用 Java 语言编写，可方便快捷地在服务器上部署，而且官方也提供
了 Docker 镜像，经过简单的配置，便能快速运行。

由于自建 CI 服务需要一定的运维成本，而本章的重点是与 Serverless 结合，所以这

里不过多介绍 Jenkins 相关的内容，感兴趣的读者，可以访问 Jenkins 官方网站（https://www.jenkins.io/zh/）查看更多信息。

2. 第三方 CI 服务

目前很多公司也提供了不错的 CI 服务，除了上文提到的 Jenkins，还有 GitHub Actions、Travis CI、Circle CI、Coding DevOps 等。我参与 Github 开源项目时，一直使用 Travic CI，它和 Github 关联交互得非常好，用起来也很顺手。直到 2018 年 10 月，GitHub 官方推出了 CI/CD 服务 Github Actions，因为其和 CitHub 的深度集成，极大地提升了易用性，所以我很快从 Travis CI 转移到 Github Actions。

本章将着重介绍 GitHub Actions 的使用，也会介绍 Coding 持续集成和部署平台，包括 AWS Codepipeline，读者可以根据场景自行选择。

7.4　GitHub Actions

GitHub 官方是这么介绍 GitHub Actions 的：在使用 GitHub Actions 的仓库中，我们可以自动化、自定义软件开发流程。开发者可以发现、创建、共享和操作任何任务（包括 CI/CD），并将任务合并到完全自定义的工作流中。

GitHub Actions 是 GitHub 推出的自动化工作流功能，可以和 GitHub 代码托管、版本及分支管理等能力结合，帮助用户方便地构建、测试和部署代码。当前支持 macOS、Windows 和容器等多种构建环境，对 Node.js、Python、PHP 和 Java、Go 等常用语言的构建和部署也提供了完善的支持。基于 GitHub Actions，可以极大提升团队开发协作的效率，例如基于 Code Commit 进行代码的自动构建、测试和打包；自动管理 PR（Pull Request）和 Issue。GitHub Actions 作为近年来发展最为迅速的 CI/CD 服务，主要有以下优点。

❑ 灵活：相比于 Jenkins 和 Circle CI/ Tarvis CI 等工具，GitHub Actions 可以使用官方的构建服务，同时也支持用户自定义构建机器，从而更灵活地满足不同场景下的构建需求。

❑ 可复用：GitHub Actions 中的每一条 Action 都可以复用和组合，从而实现复杂的能力，并能有效减少配置代码冗余。

❑ 可维护：由于每个 Action 本身就是由代码构成，可以直接托管在 GitHub 项目中，所以能够进行版本管理，并且通过测试保证质量。

❑ 社区生态：基于 GitHub 的开源生态，GitHub Actions 有丰富的模板可以复用，此外，GitHub Actions 和 GitHub 的代码托管、版本管理等特性无缝集成，可以方便地基于 GitHub 生态对项目进行自动化管理和协作。

❑ 低成本：当前 GitHub Actions 提供了每月 2000 分钟的免费额度，利于个人及中小企业项目低成本接入使用。

7.4.1 基本概念

GitHub Actions 定义了一些概念，用于规范 CI/CD 流程，这些概念的描述及概念之间的关系如图 7-6 所示。

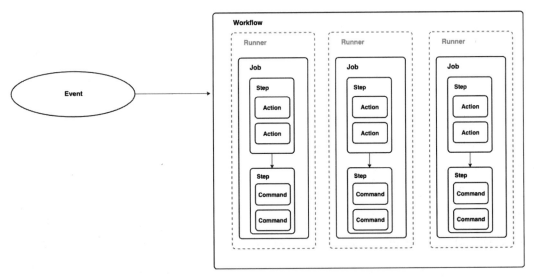

图 7-6 GitHub Actions 执行流程及概念关系

❑ Action：指独立的任务，是 GitHub Actions 中最小可复用单元。

❑ Step：指多个 Action 或命令按顺序执行的组合。

❑ Job：Step 的组合。Job 之间没有强依赖关系，因此可以多个 Job 并行。一般情况下，会把有关联的 Step 组合成 Job 执行，例如将构建、测试和打包的三个 Step 进行组合，生成构建任务。

❑ Workflow：Job 的组合。通常用于承载某个事件（Event）触发后完整的自动化工作流。例如从构建到发布的两个 Job，可以组成一条 Workflow。

❑ Runner：由于不同环境进行构建、打包的结果可能不一致，因此 Runner 提供了 Job 的运行环境，GitHub 官方支持 Linux/macOS/Windows 三种运行环境。

❑ Event：触发 GitHub Action 的事件，例如代码提交的动作或提交 PR（Pull Request）等。

7.4.2 创建第一个工作流

我们先创建一个简单的 GitHub 项目 https://github.com/yugasun/github-actions-demo，项目中只需要创建一个简单的 index.js 文件，内容如下所示。

```
console.log('hello github actions.')
```

然后在项目根目录 .github/workflows 中创建一个名为 superlinter.yml 的新文件，如代码清单 7-1 所示。

代码清单 7-1 superlinter.yml 配置

```
name: Super-Linter

# Run this workflow every time a new commit pushed to your repository
on: push

jobs:
    # Set the job key. The key is displayed as the job name
    # when a job name is not provided
    super-lint:
        # Name the Job
        name: Lint code base
        # Set the type of machine to run on
        runs-on: ubuntu-latest
```

```
        steps:
            # Checks out a copy of your repository on the ubuntu-latest
machine
            - name: Checkout code
                uses: actions/checkout@v2

            # Runs the Super-Linter action
            - name: Run Super-Linter
                uses: github/super-linter@v3
                env:
                    DEFAULT_BRANCH: main
                    GITHUB_TOKEN: ${{ secrets.GITHUB_TOKEN }}
```

如果项目的默认分支不是 main，请更新 DEFAULT_BRANCH 的值以匹配仓库的默认分支名称。然后将代码推送到远端仓库，命令如下所示。

```
git push origin main
```

之后在 Github 上自动触发 Action 工作流，我们可以访问仓库主页面，在仓库名称下点击 Actions，如图 7-7 所示。

图 7-7　GitHub Actions 菜单

在左侧边栏中，点击想要查看的工作流程，如图 7-8 所示。

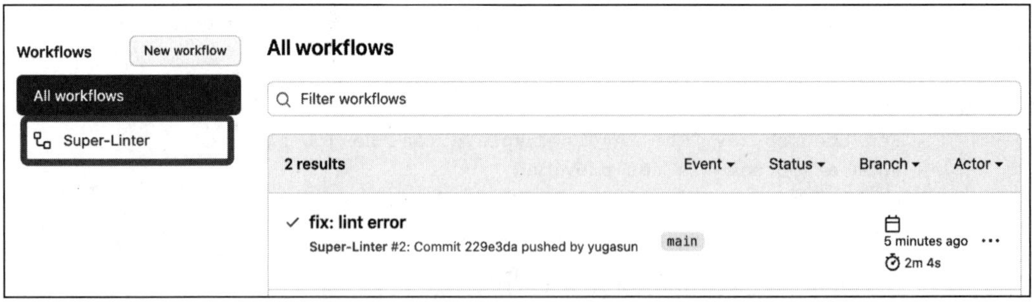

图 7-8　工作流列表

接下来从工作流运行列表中，点击需要查看的运行名称，如图 7-9 所示。

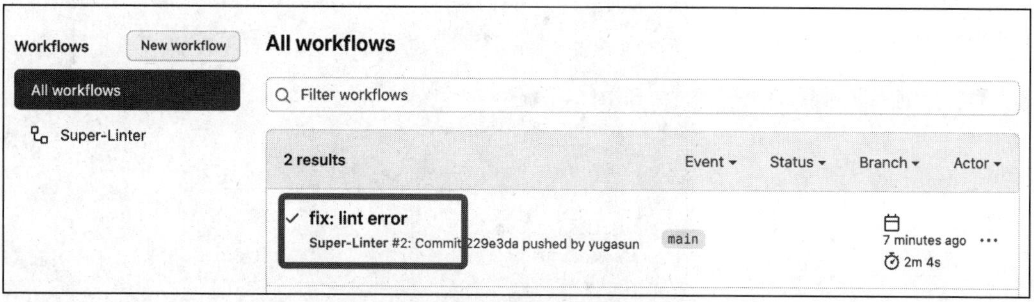

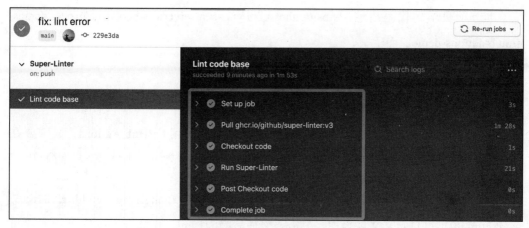

图 7-9　运行记录

进入页面，在左侧边栏中点击名称为 Lint code base 的任务，就可以查看具体任务中的步骤和动作了，如图 7-10 所示。

图 7-10　任务详情

每个步骤也可以点击展开，查看具体的动作，如图 7-11 所示。

之后，我们每次将代码推送到仓库，添加 super-linter 工作就会自动运行，帮助我们发现代码中的错误和不一致的地方。但是，这只是一个代码规范检查的 GitHub Actions 操作，代码仓库可以包含多个基于不同事件触发的不同任务的工作流程。

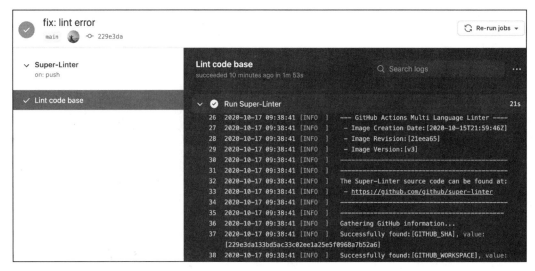

图 7-11　查看步骤详情

本节项目示例代码地址：https://github.com/yugasun/serverless-book/tree/master/demos/github-actions-demo。

7.4.3　Workflow 文件

通过 7.4.2 节的示例，我们可以清晰地了解到，要使用 GitHub Actions，只需要在 GitHub 项目的 .github/workflows 目录下添加一个 Workflow 文件，使用起来非常简单。

Workflow 文件采用 YAML 文件格式编写（http://www.ruanyifeng.com/blog/2016/07/yaml.html），可以自定义文件名称，只需要文件后缀为 .yml，比如 lint.yml。每个仓库可以有多个 Workflow 文件。

Workflow 文件的配置字段很多，这里我们只列举基本字段。

1. name

workflow 文件的名称，如果省略该字段，默认为当前 Workflow 文件的名称。

```
name: Super-Linter
```

2. on

指定触发当前工作流程的条件，通常是 GitHub 操作产生的事件，如 push、pull_request 等。

```
name: push
```

当然，on 字段还可以监听多个事件，可以配置成事件数组。

```
on: [push, pull_request]
```

on 字段监听的事件还可以基于分支或者标签进行拆分，语法如下。

```
on.<push|pull_request>.<tags|branches>
```

比如我们执行 master 分支的 push 事件时，才触发该工作流程，代码如下所示。

```
on:
  push:
    branches:
      - master
```

3. jobs.<job_id>.name

Workflow 文件的核心是 jobs 字段，表示要执行的一项或多项任务。在 jobs 字段中，需要区分每一项任务的唯一 ID，然后通过 name 字段描述该任务的内容。

4. jobs.<job_id>.runs-on

runs-on 字段指定了当年任务需要的虚拟机环境，此项必填。目前 GitHub 支持的虚拟环境如图 7-12 所示。

当然，除了 GitHub 提供的默认虚拟环境，GitHub Actions 还支持自托管的运行环境，更多信息可以参考官方关于自托管运行器的说明：https://docs.github.com/cn/free-pro-team@latest/actions/hosting-your-own-runners/about-self-hosted-runners。

虚拟环境	YAML 工作流程标签
Windows Server 2019	**windows-latest** 或 **windows-2019**
Ubuntu 20.04	**ubuntu-20.04**
Ubuntu 18.04	**ubuntu-latest** 或 **ubuntu-18.04**
Ubuntu 16.04	**ubuntu-16.04**
macOS Catalina 10.15	**macos-latest** 或 **macos-10.15**

图 7-12   支持虚拟环境

5. jobs.<job_id>.steps

steps 字段用于指定每个任务的运行步骤，可以包含一个或者多个步骤，每个步骤都可以指定如下三个字段。

```
jobs.<job_id>.steps.name: 名称
jobs.<job_id>.steps.env: 环境变量
jobs.<job_id>.steps.run: 运行的命令或者动作
```

当然，GitHub Actions 还支持直接使用社区开发者提供的脚本，通过 uses 字段指定对应动作名称即可。

```
jobs.<job_id>.steps.name: 名称
jobs.<job_id>.steps.env: 环境变量
jobs.<job_id>.steps.uses: 动作名称
```

7.4.4   Serverless 结合 GitHub Actions 示例

接下来我们介绍一个基于 Node.js 的 Serverless 项目结合 GitHub Actions 的实战案例。在配置 GitHub Actions 之前，我们先创建一个 Serverless 实例。

1. 初始化项目

安装 Serverless CLI，命令如下所示。

```
$ npm install serverless -g
```

初始化 Express 应用，如下所示。

```
$ serverless init express-starter
```

这样很快就初始化了一个 Serverless Express 应用 express-starter。我们在本地执行 serverless deploy 命令就可以把 Express 应用快速部署到腾讯云上。

> 注 如果项目中没有配置腾讯云永久鉴权密钥 TENCENT_SECRET_ID 和 TENCENT_
> 意 SECRET_KEY，执行部署命令时会在命令行输出一个二维码，使用绑定了腾讯云
> 账号的微信扫描二维码，就可以获得临时授权了。

2. 配置工作流程

在项目中创建 .github/workflows 目录，然后创建 deploy.yml 配置文件，如代码清单 7-2 所示。

代码清单 7-2　GitHub Actions 部署流程配置

```
name: deploy serverless
on:
    push:
        branches:
            - master

jobs:
    deploy:
        name: Deploy serverless project
        runs-on: ubuntu-latest
        steps:
            - name: Checkout code
              uses: actions/checkout@v2

            - name: Install Node.js and npm
              uses: actions/setup-node@v1
              with:
                  node-version: 14.x
                  registry-url: https://registry.npmjs.org
```

```
        - name: Install serverless cli
          run: npm i serverless -g

        - name: Install dependecies
          run: npm install

        - name: Run deploy
          run: serverless deploy --debug
          env:
            TENCENT_SECRET_ID: ${{ secrets.TENCENT_SECRET_ID }}
            TENCENT_SECRET_KEY: ${{ secrets.TENCENT_SECRET_KEY }}
            SERVERLESS_PLATFORM_VENDOR: tencent
            GLOBAL_ACCELERATOR_NA: true
```

此工作流文件中只有一个部署任务，该任务含有以下步骤。

❑ 检查最新的 masterj 分支代码。

❑ 安装和配置 Node.js 环境。

❑ 全局安装 Serverless 命令行工具。

❑ 安装项目 npm 依赖。

❑ 执行 Serverless 部署命令。

前面四个步骤都很好理解，主要是在执行第五步时我们还须注入四个环境变量：TENCENT_SECRET_ID、TENCENT_SECRET_KEY、SERVERLESS_PLATFORM_VENDOR 和 GLOBAL_ACCELERATOR_NA。TENCENT_SECRET_ID 和 TENCENT_SECRET_KEY 用来鉴权腾讯云，它们是从 secrets 对象中读取的，所以我们还需要给项目配置这两个密钥。

访问 GitHub 项目的 Settings（配置）菜单，点击左边菜单栏的 Secrets（密钥）进行配置，如图 7-13 所示。

SERVERLESS_PLATFORM_VENDOR 参数用于指定使用腾讯云的组件部署。由于 GitHub Actions 的虚拟环境在国外，部署到国内腾讯云速度会很慢，所以配置 GLOBAL_ACCELERATOR_NA 可以开启 Serverless 的全球加速功能。

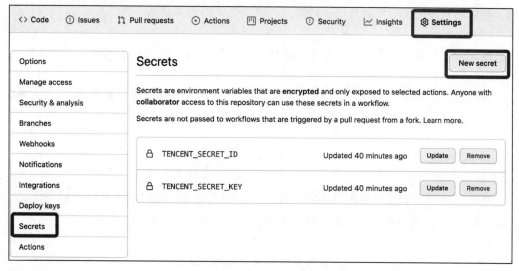

图 7-13　GitHub 密钥配置

配置好 deploy.yml 文件和密钥后，推送代码到远端仓库就可以触发自动部署了，如图 7-14 所示。

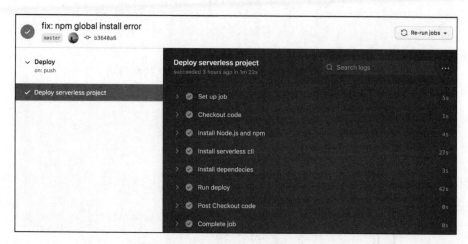

图 7-14　GitHub Actions 成功触发运行

3. 添加集成测试

以上我们成功实现了 Serverless Express 项目的自动化部署，但是作为一个完整的项目，我们通常还需要对项目代码进行测试，以保证代码的安全稳定性。

现在最受前端开发者欢迎的开源测试框架莫过于 Facebook Jest 了（https://jestjs.io/）。

Jest 是一个非常简单易用的开源 JavaScript 测试框架，可以很好地集成到前端项目中。Jest 使用起来也非常简单，我们先在项目中安装 Jest，命令如下所示。

```
$ npm install jest supertest --save-dev
```

然后在项目下创建存放测试文件的目录 __tests__，并在此目录中新建测试文件，__tests__/sls.test.js 的内容如代码清单 7-3 所示。

代码清单 7-3　sls.test.js 代码

```
const request = require("supertest");
const app = require('../sls')

describe('Express server', () => {
    test('path / should get index page', async () => {
        const response = await request(app).get('/');
        expect(response.text).toContain('Serverless Framework')
    })

    test('path /post', async () => {
        const response = await request(app).get('/post');
        expect(response.body).toEqual([
            {
                title: 'serverless framework',
                link: 'https://serverless.com'
            }
        ])
    })

    test('path /post/:id', async () => {
        const response = await request(app).get('/post/1');
        expect(response.body).toEqual({
            id: '1',
            title: 'serverless framework',
            link: 'https://serverless.com'
        })
    })
})
```

接下来，我们在项目的package.json文件中新增test执行脚本，如代码清单7-4所示。

代码清单 7-4　package.json 代码

```json
{
    "name": "express-demo",
    "version": "1.0.0",
    "description": "",
    "main": "app.js",
    "scripts": {
    "test": "jest"
    },
    "author": "yugasun",
    "license": "MIT",
    "dependencies": {
        "express": "^4.17.1"
    },
    "devDependencies": {
        "jest": "^26.5.3",
        "supertest" : "^5.0.0"
    }
}
```

此时我们在项目目录执行npm run test命令就可以运行集成测试，如图7-15所示。

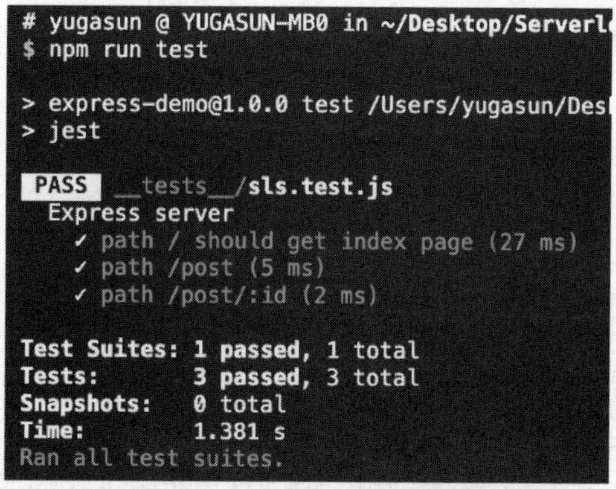

图 7-15　集成测试结果

当然这只是本地测试，我们还需要添加自动化测试的 Workflow。

在 5.2 节，我们添加了自动部署任务，现在我们只需要在 Install dependencies 和 Run deploy 步骤之前添加 Run integration tests 步骤，直接修改 .github/workflows/deploy.yml 文件，如代码清单 7-5 所示。

代码清单 7-5 deploy.yml 配置

```yaml
name: Deploy

on:
    push:
        branches:
            - master

jobs:
    deploy:
        name: Deploy serverless project
        runs-on: ubuntu-latest
        steps:
            - name: Checkout code
                uses: actions/checkout@v2

            - name: Install Node.js and npm
                uses: actions/setup-node@v1
                with:
                    node-version: 14.x
                    registry-url: https://registry.npmjs.org

            - name: Install serverless cli
                run: npm i serverless -g

            - name: Install dependecies
                run: npm install

            - name: Run integration tests
                run: npm run test

            - name: Run deploy
                run: serverless deploy --debug
                env:
                    TENCENT_SECRET_ID: ${{ secrets.TENCENT_SECRET_ID }}
                    TENCENT_SECRET_KEY: ${{ secrets.TENCENT_SECRET_KEY }}
                    SERVERLESS_PLATFORM_VENDOR: tencent
                    GLOBAL_ACCELERATOR_NA: true
```

这样，我们再次将代码推送到 GitHub，就会自动触发集成测试和自动部流程，如

图 7-16 所示。

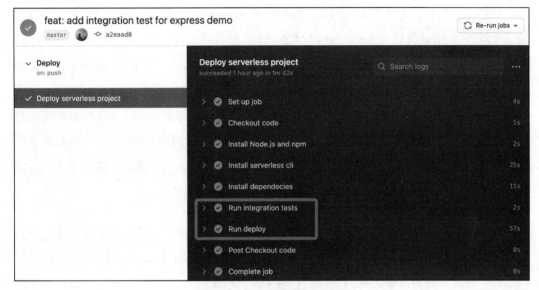

图 7-16　自动测试和部署流程

本节项目示例代码地址：https://github.com/yugasun/serverless-book/tree/master/demos/express-demo。

7.5　Coding DevOps 服务

Coding DevOps 服务是面向开发者的高效云上研发工作流，提供了一站式开发协作工具，帮助团队提升研发效能。Coding DevOps 支持代码托管、项目管理、测试管理、持续集成、制品库和持续部署等服务，覆盖了团队从构想到交付的一切环节，实现了DevOps，从而提升了软件交付质量和效率。

Coding 的持续集成服务基于 Jenkins，支持 Java、Python 和 NodeJS 等主流语言，支持构建 Docker 镜像。Coding CI 还支持拉取和自动构建代码托管服务，并通过多任务并行的方式实现加速构建。此外，在持续部署方面，通过整合上下游步骤，发布和部署构建后的项目，实现全自动化的流程；支持蓝绿发布、灰度发布、快速回滚等能力。

以腾讯云为例，当前 Coding CI 已经和腾讯 Serverless 控制台打通，提供自动构建和部署能力。如果说腾讯云 Serverless 应用控制台是一座摩天大楼，那么 Coding DevOps 的 CI 功能就凭借可靠的自动化能力夯实了这座大楼的地基，保障 Serverless 应用控制台稳定运行。考虑到弹性伸缩的优势，Serverless 应用在开发过程中会直接调用云函数（SCF）等资源，因此在每次修改代码时都需要执行相应的部署命令，人工配置环境隔离和灰度发布容易产生错误，而 Coding CI 作为云端，自动化构建、测试、分析和部署工作流服务，减少了开发者在使用中烦琐的配置。此外，Coding CI 还能根据需求实时调度弹性计算资源、实现多地域境内外构建节点，保障极速构建体验。

目前，Serverless 应用控制台的所有应用部署都基于 Coding CI 实现。Serverless 应用控制台通过 Coding CI 完成项目依赖安装、Serverless Framework 安装、基于层（Layer）部署、应用部署等能力。同时，在 Coding CI 能力的支持下，Serverless 应用控制台可以自动触发代码仓库更新，帮助用户快速完成 Web 应用迁移，用户无须本地安装 Serverless Framework，大大降低了开发门槛，建页面如图 7-17 所示。

图 7-17　Coding CI 在腾讯云 Serverless 控制台的部署记录

和 GitHub Actions 类似，下面举例说明 Coding CI 在 Serverless 上的构建流程。实现构建的前提条件是类似的，也需要已有 Serverless 应用项目，并托管到 Coding 或

GitHub/GitLab 代码托管平台中。创建对应的构建计划，并配置对应的代码仓库、触发条件、密钥等信息，之后配置部署流程，参考示例如代码清单 7-6 所示。

代码清单 7-6　Coding CI 部署流程配置

```
pipeline {
    agent any
    stages {
        stage(' 检出 ') {
            steps {
                checkout([$class: 'GitSCM', branches: [[name: env.GIT_BUILD_
REF]],
                        userRemoteConfigs: [[url: env.GIT_REPO_URL,
credentialsId: env.CREDENTIALS_ID]]])
            }
        }
        stage(' 安装依赖 ') {
            steps {
                echo ' 安装依赖中 ...'
                sh 'npm i -g serverless'
                sh 'npm install'
                echo ' 安装依赖完成 .'
            }
        }
        stage(' 部署 ') {
            steps {
                echo ' 部署中 ...'

                withCredentials([
                    cloudApi(
                        credentialsId: "${env.TENCENT_CLOUD_API_CRED}",
                        secretIdVariable: 'TENCENT_SECRET_ID',
                        secretKeyVariable: 'TENCENT_SECRET_KEY'
                    ),
                ]) {

                    // 生成凭据文件
                    sh 'echo
    "TENCENT_SECRET_ID=${TENCENT_SECRET_ID}\nTENCENT_SECRET_KEY=${TENCENT_SECRET_
KEY}" > .env'
                    // 部署项目
                    sh 'sls deploy --debug'
                    // 移除凭据
                    sh 'rm .env'
                }

                echo ' 部署完成 '
            }
```

```
        }
    }
}
```

在上述配置中，运行任务时会自动执行命令安装 Serverless CLI（run: npm install -g serverless），之后安装依赖（run: npm install），然后进行云端部署的操作（run : sls deploy --debug）。完成上述配置后，在提交代码到配置的分支时，就会自动部署到 Serverless 架构中。

7.6 AWS CodePipeline 服务

AWS 产品线提供了全套的 CI/CD 流程支持，而 CodePipeline 服务用于将这些环节连接起来，便于配置。CodePipeline 除了支持 GitHub Actions 等第三方服务外，还能够和 AWS 产品体系内的 DevOps 产品紧密结合。

❏ AWS CodeCommit：能够通过 Git 命令实现代码托管和版本管理，可以方便地进行团队协作开发，代码可备份，并且支持可视化管理、查询变更日志等功能。

❏ AWS CodeBuild：针对代码提供编译 / 构建的能力，能够执行单元测试，产出对应的构建物。CodeBuild 的构建环境支持弹性伸缩，用户无须关心构建节点的维护、更新和管理，并能够根据用量进行弹性扩缩容。

❏ AWS CodeDeploy：主要用于将构建物部署到不同的环境中，例如代码、函数、可执行文件、脚本的部署。使用 CodeDeploy 服务，能够让新特性快速发布上线，实现版本的自动发布，支持多种灰度发布能力，并集成了告警和失败回滚策略，大大减少了手工配置的误差。

AWS CodePipeline 可以将上述服务完美联动，实现全流程覆盖项目的开发、构建、测试和部署。此外，通过联动 CloudWatch 等监控告警服务，可以非常方便地为触发行为配置和发送通知，并转存和分析部署日志，针对一些自定义规则，也可以在流程中引入 Lambda 函数，添加更多个性化判断逻，常用流程如图 7-18 所示。

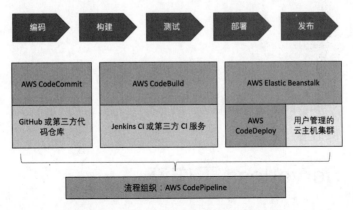

图 7-18 AWS Codepipeline 的 CI/CD 流程图

7.7 本章小结

本章主要通过介绍 Serverless CI/CD 流程，说明如何对 Serverless 架构下的应用实现自动化持续集成和持续部署。然后介绍了几种当下流行的 CI/CD 服务，包括 GitHub Actions、Coding DevOps 以及 AWS CodePipeline 体系。本章针对基于 Serverless 搭建 CI/CD 场景，提供了一些构建脚本。对于一些传统的 CI/CD 服务，如 Jenkins、TarvisCI、CircleCI 等，因为和 GitHub Actions 较为相似，所以本章并未详细介绍，它们也是非常流行且用户基数较大的部署平台，在选型的过程中，读者可以根据实际业务情况选取 CI/CD 的服务，例如部署环境、团队和项目大小，是否需要定制化 CI/CD 流程？服务部署到国内还是国外？CI/CD 服务的成本和稳定性如何？这些都是需要综合考虑的。

实现自动化构建和部署后，可以让产品的协作和迭代更加高效，也能有效减少人工操作带来的故障。例如在开发完毕后，支持自动化测试和构建应用；在部署阶段，支持灰度发布、回滚、失败告警等特性，可以有效保障软件质量，提升研发效能。

Serverless 工作流

现在，我们了解了 Serverless 上下游生态的组成部分，如开发者工具、排障生态和 CI/CD 等。但 FaaS 函数状态之间的管理和编排，也是 Serverless 应用面临的问题和挑战，基于此，Serverless 工作流产品便应运而生了。本章将从实际出发，介绍当前主流的 Serverless 工作流技术及产品，并结合典型案例介绍最佳实践和收益，帮助读者更好地组织 Serverless 应用的内部状态。

8.1 Serverless 应用内的状态管理

Serverless 应用具有弹性伸缩、按需付费的优点，开发者可以使用 FaaS 服务快速实现业务逻辑并提供线上服务。

随着应用逻辑越来越复杂，负责不同功能的函数越来越多，业务内部的逻辑复用、状态管理将面临更大的挑战。复杂的 Serverless 应用架构如图 8-1 所示。

在典型的 Serverless 应用中，函数之间往往需要支持以下处理逻辑。

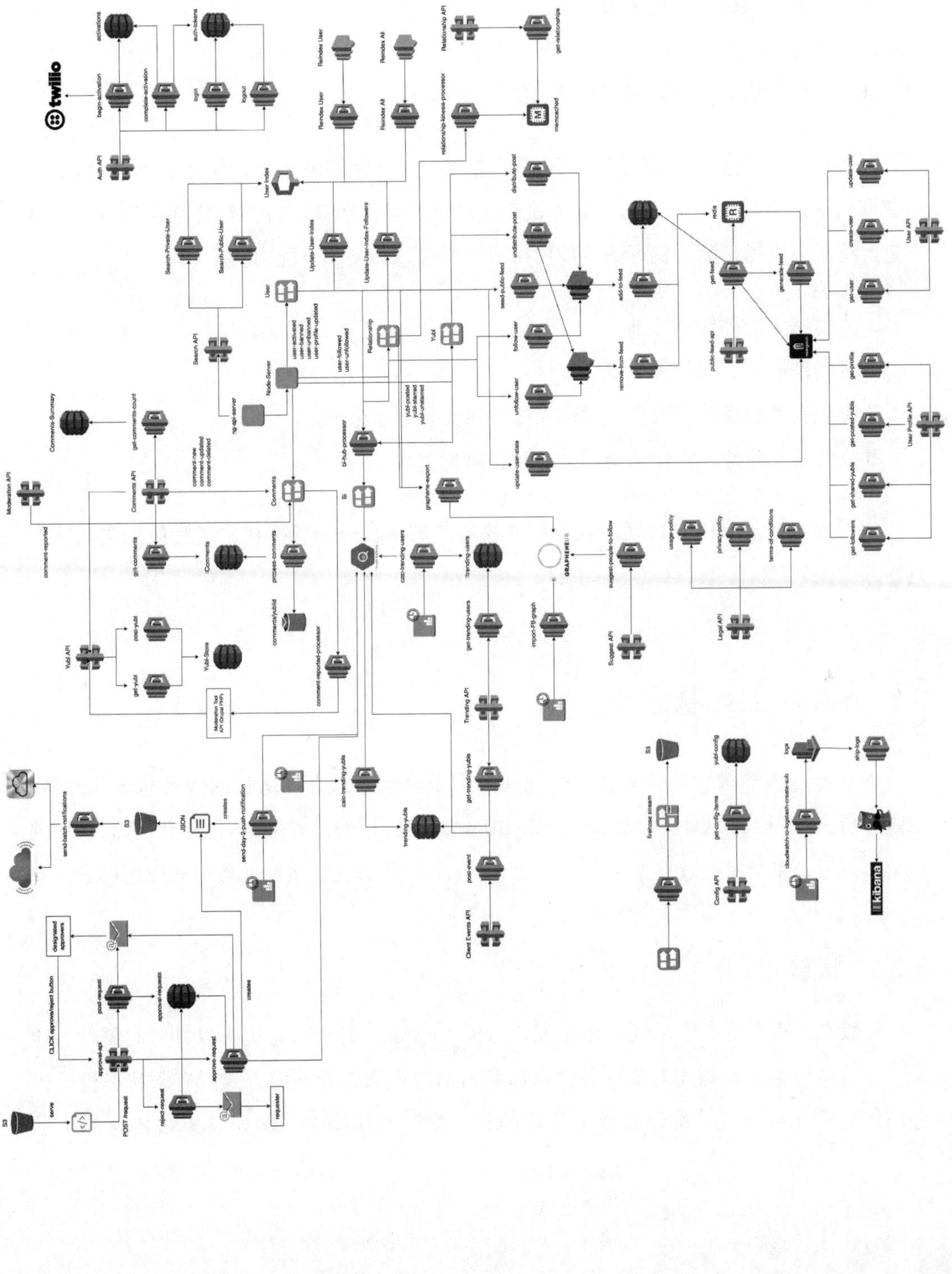

图 8-1　Serverless 应用架构

❑ 按顺序或并行执行函数。

❑ 基于条件判断并执行函数。

❑ 重试函数。

❑ 函数执行后等待一段时间再继续执行。

以上四种能力不仅可以通过业务逻辑实现，也可以借助其他云服务，如消息队列、函数调用 API 等实现。但是通过业务逻辑实现的复杂度较高，并且性能无法保证，也难以进行记录追溯和排障。良好的应用内函数组织应该具备如下能力。

❑ 支持状态的存储和传递。

❑ 具备超时和错误处理机制。

❑ 提供高性能保障，云函数内部互相调用无须通过公网。

❑ 支持日志追踪，提供清晰的全链路排障能力。

为了更好地协调函数之间的状态，需要额外的平台——状态机，进行应用内的状态判断和错误处理。

8.2 Serverless 状态机

本节通过讲解状态机的概念、原理和架构来分析如何管理函数的内部状态。此外，通过分析 AWS 推出的商业化产品——Step Function，帮助读者加深对应用内状态管理的理解。最后，本节将通过典型案例，介绍 Serverless 状态机在实际业务中的应用场景。

8.2.1 状态机简介

一般在工程和生产中用到的是有限状态机（FSM），有限状态机可以针对对象行为建模，并且能够很好地描述对象在其生命周期内的产生状态及响应方式。有限状态机已十分广泛地应用到协议、编译器等多领域的状态描述和建模中，例如较为知名的 TCP 状态机。

在有限状态机中，主要有以下四个基本概念需要了解。

- 现态：当前所处的状态。
- 条件：又称事件，当一个条件被满足时，会触发一个动作或执行一次状态的迁移。
- 动作：满足条件后执行的动作，动作执行完毕后既可以迁移到新的状态，也可以保持原有的状态。
- 次态：相对于"现态"而言的概念，指的是迁移后新的状态。

在 Serverless 应用的管理中，资源的编排和管理完全可以通过有限状态机的建模来实现，并且能够更为清晰、直观地表达应用内部状态的流转。了解状态机的基本信息后，接下来我们介绍云服务商基于有限状态机提供的服务和场景。

8.2.2　AWS Step Function

AWS 在 2016 年底发布了 Step Function 产品，用于 Lambda 函数之间的状态管理，并逐步扩展到更多 Serverless BaaS 服务的集成。除 Lambda 外，Step Function 当前还支持如下云服务的集成和编排。

- DynamoDB：从 Amazon DynamoDB 表中获取已有的数据项或者将新的数据项存入 DynamoDB 表。
- AWS Batch：提交一个 AWS Batch 任务，等待其完成。
- Amazon ECS：定义运行一项 Amazon ECS 或 AWS Fargate 任务。
- Amazon SNS：向亚马逊通知服务（SNS）主题发布一条消息。
- Amazon SQS：向亚马逊队列服务（SQS）发送一条消息。
- AWS Glue：启动一个 AWS Glue 任务。
- Amazon SageMaker：创建一个 Amazon SageMaker 训练任务或者转换任务。

Step Function 构建的工作流可以通过可视化页面进行配置，并且支持预置的错误处理、参数传递、状态管理、性能监控和日志分析等能力。

Step Function 通过创建状态机实现 Serverless 应用的工作流程并通过 JSON 进行描述。在每个状态机中，可以定义一系列状态实现不同的功能。

❑ Task：在状态机中可以采用 Lambda 函数实现特定的功能。

❑ Choice：用于在状态机中创建分支。

❑ Fail 和 Success：标记任务执行完毕后的状态。

❑ Pass：将前一个任务的输出传递给下一个任务的输入或传递一些参数数据。

❑ Wait：提供一定时间的延迟或者等到特定的时间 / 数据。

❑ Parallel：并行执行分支任务。

其中，Task 状态主要用于实现应用的核心功能，其他的状态用于处理功能之间的流转。一个典型的 Step Function 状态机如图 8-2 所示。

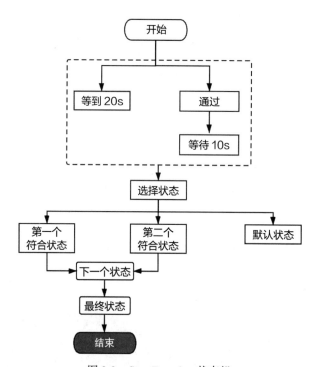

图 8-2　Step Function 状态机

基于上述的能力进行应用编排，开发者无须处理资源编排逻辑，即通过可视化的方式进行状态编排，同时获得了该服务提供的状态存储、日志和监控、执行记录及错误处理等能力。

其他云厂商也提供了类似的服务，如 Azure Logic Apps、腾讯云应用与服务编排 ASW（Application and Service Workflow）等。

8.2.3 典型场景

1. 图像、音视频文件转码

图像的转码和处理是 Serverless 常见的场景。用户上传图片后，对象存储触发对应的 FaaS 函数，之后通过 Step Function 编排多个函数实现图片识别、图片元数据（例如地理位置、格式、时间等）的提取等功能，同时生成图片的缩略图并存储到数据库中，如图 8-3 所示。

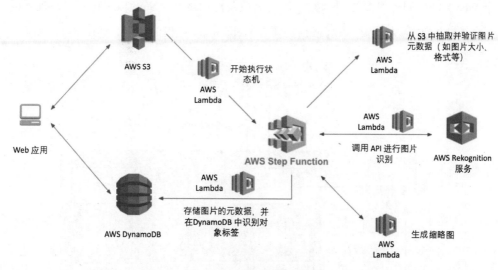

图 8-3 图像、音视频场景

在该案例中，架构流程及 Step Function 的作用如下所示。

❑ 上传图片到名为 PhotoRepo 的存储桶里。

❑ 上传图片的事件触发了执行图片处理的 Lambda 函数，该函数启动 AWS Step Function 的状态机，并将存储桶等数据作为参数传入状态机。

❑ 状态机主要执行以下步骤。

● 从对象存储中读取文件并抽取图片元数据（格式、EXIF 数据、大小等）。

● 基于上一步的输出结果，验证是否支持上传的文件格式（PNG 或者 JPG），如果不支持，抛出错误并结束函数执行。

● 将抽取出的元数据保存在后端数据库中。

❑ 同时启动两个进程。

● 调用图像检测 API 对图像进行识别。

● 生成缩略图，并且存到存储桶的另一个目录中。

2. WebSocket 应用

WebSocket 服务广泛用于实时交互的场景，如外卖点单系统。在这类应用中，建立一个 WebSocket 服务需要注册函数、传输函数及注销函数。Step Function 状态机可以编排多个函数的执行顺序和结束状态，实现对 WebSocket 连接的控制，如图 8-4 所示。

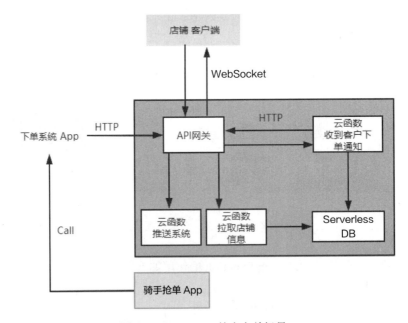

图 8-4　WebSocket 外卖点单场景

❑ 用户发起请求并下单。

❑ API 网关接收请求，触发状态机。

❑ 状态机执行注册函数，建立 WebSocket 连接。

❑ 执行传输函数，对下单数据进行处理和传送。

❑ 在连接保持时间内持续等待，超时后执行注销函数，关闭 WebSocket 连接并结束状态。

3. 批量任务处理

Step Function 可以对数据进行多次清洗和批量处理。在操作流程中，涉及任务需要串行调度和处理，因此 Step Function 会等待第一步批量任务处理完毕后，再执行第二批处理任务。例如在生物信息中首先进行基因的比对，之后获取特征参数等步骤，如图 8-5 所示。

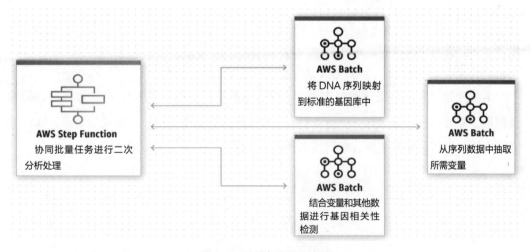

图 8-5　批量任务处理场景

4. 消息自动发送

在 Serverless 工作流中，通过集成发送短信等 BaaS 服务，可以针对工作流执行的状态触发通知。例如当系统执行失败时，给对应的开发运营人员发送短信通知，并且发送对应的错误信息。此外，可以通过消息队列等服务获取并分析工作流的执行日志，进行对应的失败分析和故障排查，如图 8-6 所示。

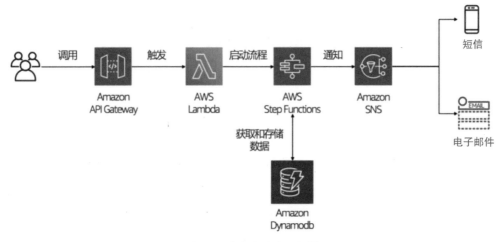

图 8-6　消息自动发送场景

8.3　本章小结

本章介绍了有限状态机的基本概念（现态、条件、动作、次态）、商业化状态机的编排原理，并分析了状态机和 Serverless 结合的几种典型应用场景。在后续的章节，我们将介绍应用状态机的实践案例，帮助读者加深对 Serverless 应用编排的认识。

第 9 章 *Chapter 9*

Serverless 资源管理和编排

对于一个完整的 Serverless 应用来说，除了 Serverless 应用内部的状态转换之外，应用本身的组织和编排也是生态建设中非常重要的一环。由于 Serverless 应用底层依赖各种各样的 FaaS 和 BaaS 资源，快速、低门槛地构建一个完整应用，同时保证数据一致性，成为业界追求的目标。本章将针对 Serverless 应用常用的资源管理和编排服务进行介绍。

9.1 AWS 资源编排工具

本节将介绍 AWS 提供的商业化资源编排工具 Cloud Fromation 和 SAM。通过本节的介绍，读者可以对代码定义基础设施有更深的了解，同时了解 AWS 在 Serverless 资源编排上进行的简化和抽象方案。此外，本节会通过一些案例介绍资源定义和偏差校验的策略。

9.1.1 AWS Cloud Formation

作为一个基础的资源编排工具，AWS Cloud Formation 于 2011 年发布上线，目前已经形成了完整的规范。该工具以 JSON 或 YAML 配置文件为模板，定义和组织 AWS 的其他资源。这听起来不难实现，但作为众多资源的基石，Cloud Formation 通过如下特性，可以部署原子性、状态一致和可追溯的应用。

1. 栈

为了确保每次部署的整体性和一致性，Cloud Formation 定义了栈来存储相关资源。栈里所有的资源都由部署模板定义，用户可以通过创建、更新和删除栈的方式，管理相应的资源集合。当前栈是通过 AWS 的对象存储服务（Amazon S3）实现的。

引入栈的概念有很多好处，最重要的是保证操作的原子性。Cloud Formation 模板里的资源和栈中的资源一一对应，栈作为一个最小集合存储对应的资源及状态，当出现部署过程中部分失败、部分成功的情况时，可以以栈为粒度进行回滚。同时也便于存储和查询部署状态和日志，从而实现版本管理的能力。

2. 修订集

为了防止误操作，Cloud Formation 还提供了修订集的能力。通过修订集，可以预知变更操作对当前运行的业务有哪些影响。例如，当用户修改数据库名的配置时，真实操作是创建一个新的数据库并删除旧的。因此，在变更之前查看修订集并提前规划可以有效防止线上变更的误操作。

3. 偏移检测

通过配置创建资源和应用时，需要解决一个核心问题：由于资源本身既可以通过配置文件修改，也可以在控制台修改，那么当用户通过控制台修改线上的资源时，如果无法检测到用户在控制台的手动变更而再次运行模板配置，则可能覆盖线上的最新配置。那么怎样检测这种变更，才能确保配置的一致性呢？

在 AWS Cloud Formation 中，通过检测可以查看创建的资源和实际资源配置的差异，并通过遍历资源配置，检测是否在其他途径对模板进行了更改，从而保证模板文件和线上实际配置的一致性，如图 9-1 所示。

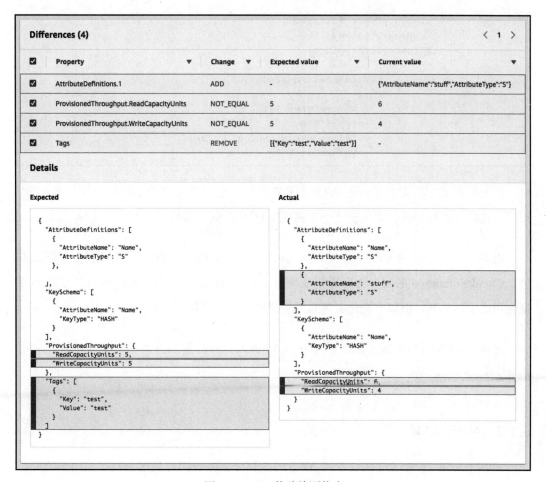

图 9-1   AWS 偏移检测能力

接下来，我们通过一个实际例子了解 AWS Cloud Formation 的运行原理，如代码清单 9-1 所示。

代码清单 9-1   Cloud Formation YAML 配置样例

```
AWSTemplateFormatVersion: "2010-09-09"
Description: A sample template
Resources:
    MyEC2Instance:
        Type: "AWS::EC2::Instance"
        Properties:
            ImageId: "ami-0ff8a91507f77f867"
```

```
InstanceType: t2.micro
KeyName: testkey
BlockDeviceMappings:
    -
        DeviceName: /dev/sdm
        Ebs:
            VolumeType: io1
            Iops: 200
            DeleteOnTermination: false
            VolumeSize: 20
```

在上述配置中，定义了一个 AWS 虚拟机 EC2，包含实例规格、镜像、硬盘等配置。按照上述配置进行部署，即可创建一个对应配置项的 EC2 虚拟机实例。

由于当前已经支持 100 多种 AWS 产品，提供了引用等能力，并定义了多种资源类型，Cloud Formation 的配置也变得复杂难懂，因此 AWS Cloud Formation 提供了很多降低使用难度的工具，例如可视化配置自动生成模板、预置模板等。

此外，AWS 的多个服务也都基于 Cloud Formation 构建，例如基于容器托管的应用服务 Elastic Beanstalk、移动开发平台 Amplify 等。

9.1.2　AWS SAM

AWS Cloud Formation 能够支持 AWS 的大部分服务，因此是更为基础和全面的资源编排服务，而不仅仅是针对 Serverless 的资源编排。 此外，Cloud Formation 的优势和缺点都很明显，优势在于覆盖完整、语法丰富，能够非常好地支持各种应用的部署和批量复制，确保应用部署的原子性和可追溯性；缺点在于规范复杂，上手和理解门槛高，并且许多冗余定义不完全适用于 Serverless 应用的部署。

基于这样的背景，AWS 发布了 SAM（Serverless Application Model）服务，提供了一种面向 Serverless 相关资源的应用部署编排服务，该服务底层基于 Cloud Formation 语法抽象而成，但配置的可读性更好，定义的资源类型也集中在 Serverless 服务层面。除了资源定义外，进一步覆盖了 Serverless 应用开发过程中的环境，例如测试、调试和部署等。

SAM 除了提供基于 Python 语言开发的命令行工具 CLI 外，还抽象了一套面向 Serverless 服务的资源描述规范。代码清单 9-2 所示是基于 SAM 规范的 Serverless 应用样例。

代码清单 9-2 AWS SAM YAML 配置样例（template.yml）

```
AWSTemplateFormatVersion: '2010-09-09'
Transform: 'AWS::Serverless-2016-10-31'
Description: A starter AWS Lambda function.
Parameters:
        IdentityNameParameter:
            Type: String
Resources:
    helloworld:
        Type: 'AWS::Serverless::Function'
        Properties:
            Handler: index.handler
            Runtime: nodejs12.x
            CodeUri: .
            Description: A starter AWS Lambda function.
            MemorySize: 128
            Timeout: 3
            Policies:
                - SESSendBouncePolicy:
                    IdentityName: !Ref IdentityNameParameter
```

在上述配置中，主要定义了一个 AWS 的 FaaS 函数 Lambda 资源，包含函数的运行时、入口函数、内存和超时时间等配置。通过该配置描述，可以快速部署一个结合函数和触发器的 Serverless 应用。

值得一提的是，纵观 Serverless 生态，可以看到许多服务遵循相同的 SAM YAML 规范，并且围绕其进一步扩展，如图 9-2 所示。

SAM 规范是 Cloud Formation 规范的抽象，但在 SAM 规范的生态下，相关服务都支持通过 SAM 配置进行服务部署。例如 Step Function 支持 SAM 规范；AWS Amplify 等移动应用开发支持 SAM 规范；Serverless Application Repo 应用市场中的所有模板都基于 SAM 规范建立。此外，基于 SAM 规范，AWS 提供了 SAM CLI 和 VS Code 插件等开发者工具。在 DevOps 方面，AWS 的 CI/CD 工具链（CodePipeline）支持集成 SAM 规范进行编排。由此可见，提供业界通用的、标准的 YAML 规范十分重要。

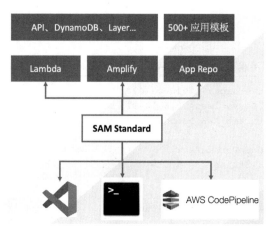

图 9-2　AWS SAM 生态

9.2　Terraform

本节主要介绍开源产品 Terraform，它是业界比较知名的 IT 基础架构自动化编排工具。通过本节介绍，读者可以了解 Terraform 这款编排工具的优点和特色，在做项目技术选型时，Terraform 也是一个不错的选择。

9.2.1　Terraform 简介

Terraform 是北美公司 HashiCorp 推出的开源产品，主要提供跨平台的资源编排和管理能力。Terraform 当前支持 AWS、腾讯云、阿里云、Azure 和 Google Cloud Platform 等主流云厂商，具备以下几个核心能力。

1. 代码定义基础设施

Terraform 通过配置语言 HCL 描述基础设施并对其进行编排，可以对应用的配置模板进行版本控制，实现对配置的更新、创建和删除等操作。

2. 执行计划

类似 Cloud Formation 中 Changeset 变更集的概念，Terraform 可以通过执行计划显示当前执行部署命令的具体操作，从而提前检查操作记录和状态，有效避免操作线上资源时的非预期行为。

3. 资源图

Terraform 通过构建所有对应资源的拓扑关系图，实现并行创建及修改没有依赖关系的资源。因此 Terraform 能够高效地创建基础设施资源，并且让使用者直观地查看资源之间的依赖关系。

4. 自动化更新

通过上述执行计划能力和资源图，Terraform 可以将复杂的操作变更为自动化执行，并进行状态模拟，从而了解资源中状态和顺序的改变。通过自动化执行流程，可以有效避免人工误操作。

9.2.2 使用 Terraform 管理云资源

以腾讯云为例，使用 Terraform 管理云资源的工作流程如图 9-3 所示。

该流程主要包含以下几个步骤。

❑ 配置 provider 文件，支持调用对应云厂商的 API。
❑ 使用 Terraform 配置语法，生成 .tf 后缀的资源文件。
❑ 通过 Terraform CLI 对资源进行管理，例如 init、apply、destroy 等命令。

此外，Terraform 会将资源的部署状态整体更新在 *.tf.state 文件中，用户可以清晰查看云资源的部署情况和状态信息。

本例仅截取其中一个资源文件进行展示，通过 Terraform 创建腾讯云服务器（CVM），其资源描述如代码清单 9-3 所示。

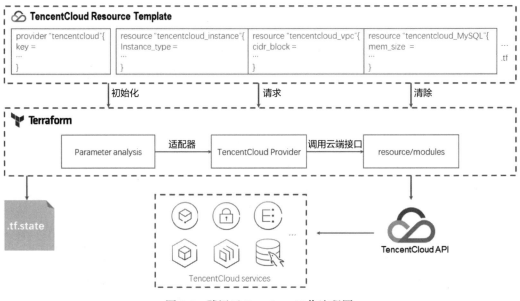

图 9-3　腾讯云 Terraform 工作流程图

代码清单 9-3　Terraform 创建腾讯云服务器资源描述（cvm.tf）

```
// 创建 CVM（云主机）
    resource "tencentcloud_instance" "cvm_test" {
        instance_name = "cvm-test"
        availability_zone = "ap-hongkong-1"
        image_id = "img-pi0ii46r"
        instance_type = "S2.SMALL1"
        system_disk_type = "CLOUD_PREMIUM"

        security_groups = [
            "${tencentcloud_security_group.sg_test.id}"
        ]

        vpc_id = "${tencentcloud_vpc.vpc_test.id}"
        subnet_id = "${tencentcloud_subnet.subnet_test.id}"
        internet_max_bandwidth_out = 10
        count = 1
    }
```

可以看到，服务器关联的安全组、私有网络和子网并没有直接填写具体的参数信息，可以通过调用相关资源 tf 文件中的 id 字段实现具体的资源分配。本例调用的是安全组 tf 文件 sg_test、私有网络 tf 文件 vpc_test、路由表 tf 文件 route_table.tf 和子网 tf 文件

subnet_test。通过变量的方式构成资源间的依赖关系。之后，可以通过 terraform apply 命令进行资源创建；通过 terraform destroy 命令进行资源销毁。

9.3　Serverless Component

Serverless Component 是 Serverless 公司提供的面向 Serverless 应用的编排和部署服务。和 9.1、9.2 节介绍的资源编排服务不同，Serverless Framework 提供的 Deploy Engine 通过面向应用的架构提供了资源之间的编排能力。基于基础资源的 Component 组件能力，Serverless Framework 可以通过部署引擎对齐进行编排和部署，从而快速构建应用。Component 的概念可以参考第 5 章的内容，该平台的架构如图 9-4 所示，主要由三个部分组成。

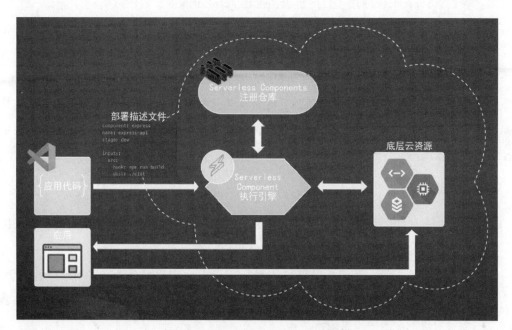

图 9-4　Serverless Component 架构图

❑ 应用中心（registry）：提供了丰富的 Serverless 模板，模板主要包含配置文件和示例业务代码，方便开发者灵活组合和复用。这些模板均已开源，并且存储在云端。

❑ 部署引擎（deploy engine）：从应用中心获取模板后，部署引擎负责解析配置文件，分析组件之间的依赖关系，执行内部的 CI/CD 流程，对应用进行构建和顺序部署。此外，引擎也在云端存储了组件之间的状态信息，从而实现版本的控制和部署记录可追溯。

❑ 事件中心（event bus）：事件中心主要用于收集部署产生的事件信息，并做统一的分析和查询，确保引擎和应用中心的稳定和功能解耦。

可以发现，相比于 Cloud Formation 和 Terraform 等基础设施编排平台，Serverless Component 的优势和劣势都很明显。

1. 优势

❑ 部署快速：由于仅支持部分资源，并且没有资源栈等概念进行严格的校验和版本管理，Serverless 应用平台的部署速度比 Terraform 等平台快数倍。

❑ 配置简单：由于该服务主要面向 Serverless 应用，因此资源的描述可读性更强，也更加直观。因为支持的资源类型和配置项有限（仅支持应用需要用到的核心配置），所以用户可以更加简便地修改和管理配置文件 serverless.yml，实现资源的编排。

❑ Serverless 应用开发流程全覆盖：除资源编排外，Serverless 通过 CLI 的方式支持应用的创建、调试、部署和监控等多个环节，对 Serverless 应用的开发体验更加友好。

2. 劣势

❑ 配置覆盖较少：由于 Serverless 应用平台仅支持 Serverless 化资源的部分配置，因此对于一些配置可能并不支持，需要经用户改造后实现。

❑ 无法确保原子性：为了提升部署效率，Serverless 应用平台没有采用堆栈的概念，难以确保应用多次部署时的原子操作。例如在部分资源部署失败时，会遗留脏数据或对线上应用产生影响。

❑ 暂不支持偏差检测：Serverless 应用一样会遇到配置文件和线上业务真实状态不符合的情况。在这种情况下，Serverless 应用平台无法提供偏差的校验，此时如果同时通过 CLI 和命令行操作应用，就会出现资源状态被覆盖的情况。

由此可知，Serverless 应用平台和 AWS SAM 的定位更为相似，但由于 SAM 也是基于 Cloud Formation 构建的，因此也存在部署速度慢、配置相对复杂等问题。所以 Serverless 应用平台和其他服务的本质区别为该服务是以自顶向下的方式进行资源编排，而其他服务是自底向上进行抽象的。Serverless 应用平台可以视为更轻量、自顶向下的资源编排服务，用户也可以根据业务的具体场景和需求，选择不同的工具进行服务编排和管理。

9.4　本章小结

通过本章的介绍，读者了解了业界最流行的资源编排服务 AWS CloudFormation、Terraform，对于面向 Serverless 应用的资源编排平台 AWS SAM 及 Serverless Deploy Engine 也有了更深刻的认识。资源编排满足了应用的快速部署、复用及版本管理的需求，同时对配置定义基础资源的方式、误操作保护、状态一致性、偏移检测等问题也需要关注和解决。资源编排是 Serverless 生态中重要的组成部分，因此确立业界统一的资源描述规范至关重要。

开发 Serverless Web 服务：RESTful API

从本章开始，我们正式进入实战阶段，逐步实现一个 RESTful API 服务。我们先基于 Serverless 架构，开发一些日常工作中能用到的项目案例。

10.1 Serverless Web 服务

在开发 RESTful API 服务前，我们先了解一下如何将传统的 Web 服务框架迁移到 Serverless 架构上。

10.1.1 传统的 Web 服务

Web 服务是一种面向服务架构（SOA）的技术，通过标准的 Web 协议提供服务，目的是保证不同平台的应用服务可以互操作。

日常生活中，我们接触最多的就是基于 HTTP 的服务：客户端发起请求，服务端接受请求，然后进行计算处理，最后返回响应，如图 10-1 所示。

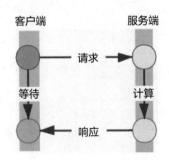

图 10-1　传统 HTTP 服务示意图

传统 Web 服务部署流程：将项目代码部署到服务器上，启动服务进程，监听服务器的相关端口，然后等待客户端请求，最后响应返回处理结果。这个服务进程是常驻的，就算没有客户端请求，也会占用相应的服务器资源。

一般我们的服务是由高流量和低流量场景交替组成的，但是考虑到高流量场景，我们需要提供较高的服务器配置和多台服务器进行负载均衡。这就导致服务器处在低流量场景时，会多出很多额外的闲置资源，但是购买的资源却需要按照高流量场景付费，这是非常不划算的。

服务器能否实现在高流量场景自动扩容，在低流量场景自动缩容，并且只在进行计算处理响应时收费，而空闲时段不占用任何资源时就不收费呢？

Serverless 架构就可以实现这一点。

10.1.2　Web 框架迁移到 Serverless 的原理

常见的 Serverless HTTP 服务结构如图 10-2 所示。

如何将 Web 服务进行迁移呢？我们知道 FaaS 是基于事件触发的，也就是云函数被触发运行时，接收到的是一个 JSON 结构体，它跟传统的 Web 请求是有区别的，这就是为什么需要进行额外的改造工作。而改造工作的核心就是将事件 JSON 结构体转化成标准的 HTTP 请求。

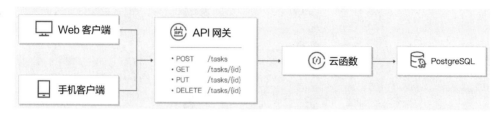

图 10-2　传统 Serverless HTTP 架构图

所以 Serverless 化 Web 服务的核心就是开发一个适配层，帮助我们将触发事件转化为标准的 Web 请求，整个处理流程如图 10-3 所示。

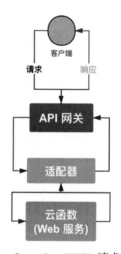

图 10-3　Serverless HTTP 请求流程图

下面介绍如何为 Express 框架开发适配层。

10.1.3　Express.js 框架开发转化层

我们先看一个标准的云函数结构，如代码清单 10-1 所示。

代码清单 10-1　云函数结构

```
module.exports.handler = (event, context) => {
    // 一些服务计算逻辑
    return res;
};
```

云函数的入口文件会导出一个可执行的函数，而这个函数通常会接受两个参数：event 和 context。

❑ event：触发函数执行事件 JSON 结构体。
❑ context：当前函数执行的上下文环境。

其中 event 就是我们接下来需要处理的参数。

在介绍如何开发 Express 的转化层之前，我们先来熟悉一下 Express 框架。一个简单的 Node.js HTTP 服务如代码清单 10-2 所示。

代码清单 10-2　Node.js HTTP 服务示例

```
const http = require("http");
const server = http.createServer(function (req, res) {
    res.end("helloword");
});
server.listen(3000);
```

Express 就是基于 Node.js 的 Web 框架，而 Express 的核心就是通过中间件的方式，生成一个回调函数，然后提供给 http.createServer() 方法使用，如图 10-4 所示。

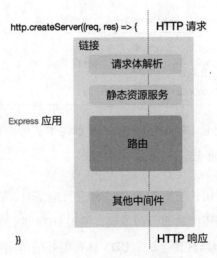

图 10-4　Expres.js 框架图

由此可知，我们可以将 Express.js 框架生成的回调函数，作为 http.createServer() 方法的参数，创建可控的 HTTP Server，然后将云函数的 event 对象转化成一个 request 对象，通过 http.request() 方法发起 HTTP 请求，获取请求响应返回给用户，就可以实现将 API 网关触发器事件转化为标准 HTTP 请求响应。

那么在函数执行时，如何启动 Express.js 服务呢？接下来我们重点介绍 Node.js HTTP 服务的监听方式。

10.1.4 Node.js HTTP 服务监听方式的选择

对于 Node.js 的 HTTP 服务，可以调用 server.listen() 方法启动，listen() 方法支持多种参数类型，主要有两种监听方式。

❑ server.listen(port[, hostname][, backlog][, callback])：从一个 TCP 端口启动监听。

❑ server.listen(path, [callback])：从一个 UNIX Domain Socket（进程间通信套接字，以下简称 UDS）启动监听。

服务器创建后，我们可以通过代码清单 10-3 所示的方式启动服务器。

代码清单 10-3　启动服务器

```
// 从 '127.0.0.1' 和 3000 端口接收连接
server.listen(3000, "127.0.0.1", () => {});
// 从 UNIX 套接字所在路径上监听连接
server.listen("path/to/socket", () => {});
```

无论是 TCP Socket 还是 UDS，每个 Socket 都是唯一的，TCP Socket 通过 IP 和端口描述，UDS 通过文件路径描述。

TCP 属于传输层的协议，使用 TCP Socket 进行通信时，需要经过传输层 TCP/IP 的解析。UDS 可用于不同进程间的通信和传递，使用 UDS 进行通信时不需要经过传输层，也不需要使用 TCP/IP。所以理论上讲，UDS 具有更好的传输效率。因此我们选择 UDS 方式启动 Node.js 服务，以便减少函数执行时间，节约成本。

10.1.5 转化层代码编写

转化层核心实现代码步骤如下。

通过 Node.js HTTP Server 监听 UDS，启动服务，如代码清单 10-4。

代码清单 10-4 监听 UDS 并启动服务

```
function createServer(requestListener, serverListenCallback) {
    const server = http.createServer(requestListener);
    server._socketPathSuffix = getRandomString();
    server.on("listening", () => {
        server._isListening = true;
        if (serverListenCallback) serverListenCallback();
    });
    server
        .on("close", () => {
            server._isListening = false;
        })
        .on("error", (error) => {
            // ...
        });
    // 监听 Unix Domain Socket 文件略径
    server.listen('/tmp/server-${server._socketPathSuffix}.sock');
    return server;
}
```

将 Serverless event 对象转化为 HTTP 请求，如代码清单 10-5 所示。

代码清单 10-5 将 Serverless event 对象转化为 HTTP 请求

```
function forwardRequestToNodeServer(server, event, context, resolver) {
    try {
        const requestOptions = mapApiGatewayEventToHttpRequest(
            event,
            context,
            getSocketPath(server._socketPathSuffix),
        );
        // 向启动的服务发送 HTTP 请求
        const req = http.request(requestOptions, (response) =>
            forwardResponseToApiGateway(server, response, resolver),
        );
        if (event.body) {
            const body = getEventBody(event);
            req.write(body);
```

```
    }
        req.on('error', (error) => {}).end();
    } catch (error) {
        // ...
    }
}
```

将 HTTP 响应转化为 API 网关标准数据结构，如代码清单 10-6 所示。

代码清单 10-6　将 HTTP 响应转化为 API 网关标准数据结构

```
function forwardResponseToApiGateway(server, response, resolver) {
    response
        .on("data", (chunk) => buf.push(chunk))
        .on("end", () => {
            // ...
            resolver.succeed({
                statusCode,
                body,
                headers,
                isBase64Encoded,
            });
        });
}
```

最终云函数返回异步请求结果。以上步骤只是将三个核心步骤的代码简单列了出来，方便大家理解核心流程。针对腾讯云的实现代码已经封装成了 npm 库 https://github.com/serverless-plus/tencent-serverless-http，可以直接安装使用。使用起来也很简单，如代码清单 10-7 所示。

代码清单 10-7　Tencent-serverless-http 使用示例

```
const { createServer, proxy } = require("tencent-serverless-http");
const express = require("express");
const app = express();

app.get('/', (req, res) => {
    res.send({
        msg: 'Hello Express',
    });
});

exports.handler = async (event, context) => {
```

```
        const server = createServer(app);
        const result = await proxy(server, event, context, "PROMISE").promise;
        return result;
};
```

最后将我们的项目打包上传云函数部署。

10.2 理解 RESTful 架构

RESTful 架构是目前非常流行的互联网软件架构，它结构清晰、标准化、易于理解、扩展方便，被 Web 服务广泛采用。但是，到底什么是 RESTful 架构，并不是一个容易说清楚的问题。REST 这个词，是 Roy Thomas Fielding 在 2000 年的博士论文中提出的，节选原文如下。

本文研究软件和网络这计算机科学两大前沿领域的交叉点。长期以来，软件研究主要关注软件设计分类、方法的演化，很少客观地评估不同设计对系统行为的影响。而相反地，网络研究主要关注系统之间通信行为的细节、如何改进特定通信机制的表现，常常忽视了一个事实，那就是改变应用程序的互动风格比改变互动协议，对整体表现有更大的影响。我这篇文章的写作目的，就是想在符合架构原理的前提下，理解和评估以网络为基础的应用软件的架构设计，得到一个功能强、性能好、适宜通信的架构。

Fielding 将他的互联网软件架构原则命名为 REST，即 Representational State Transfer，我对这个词组的理解是"表现层状态转化"。

要理解 RESTful 架构，最好的方法就是理解 Representational State Transfer 这个词组的含义。

1. 资源

REST 其实省略了主语 Resources，即资源。所谓"资源"，就是网络上的一个实体，或者说是网络上的一个具体信息。它可以是一段文本、一张图片、一种服务，总之就是一个具体的信息实体。你可以用一个 URI（统一资源定位符）指向它，每种资源对应一个特定的 URI。访问 URI，就可以获取这个资源，因此 URI 就成了每一个资源的地址或独一无二的识别符。

2. 表现层

资源是一种信息实体，可以有多种表现形式。资源的具体表现是表现层（Representation）：文本可以用 HTML 格式表现，也可以用 TXT 或者 XML 等格式表现；图片通常可以用 JPG、PNG、GIF 等格式表现。

URI 只代表了资源的实体位置，并不能代表它的表现形式。而资源的具体表现形式，应该在 HTTP 请求的头信息中用 Accept 和 Content-Type 字段指定。

3. 状态转化

一个 HTTP 请求代表客户端与服务器的一次交互，这个过程一般伴随着网络资源的状态变化（state transfer），比如新增用户数据记录。

互联网通信协议 HTTP 是无状态协议，因此所有的资源状态都保存在服务器端。如果客户端想改变这些状态，就需要与服务器进行某种交互，让服务器端的资源发生"状态转化"，而这种转化是建立在表现层之上的，叫作表现层状态转化。

客户端与服务器端交互一般只能通过 HTTP 进行，然后用 HTTP 协议里的动词（请求方法）表示不同的操作，比如 GET 用来获取资源、POST 用来新建资源、PUT 用来更新资源、DELETE 用来删除资源。

综上，REST 可以简单理解为通过 URI 定位网络资源，然后使用 HTTP 方法（GET、POST、PUT、DELETE 等）描述操作。RESTful 架构是用来描述网络请求中客户端和服务器端的一种交互方式，可达到如下目的。

❑ 看 URL 就知道要需要什么资源。
❑ 看 HTTP 请求的 Method（方法）就知道在执行什么操作。

❑ 看 HTTP 响应的 Status Code（状态码）就知道请求结果。

这样就可以通过一个网络请求，快速明白请求的目的和结果。

10.3 RESTful API 的开发

10.2 节我们介绍了如何将传统 Web 框架改造并部署到云函数。本节我们将真正实现一个 RESTful API 服务。

Express.js 是一个小且灵活的 Node.js Web 开发框架，也是目前 Node.js Web 框架中最受欢迎和使用最多的 Node.js Web 框架。因此，本文将基于 Express.js 实现一个 RESEful API 服务。

10.3.1 初始化项目

使用 npm 命令初始化 Node.js 项目，代码如下。

```
$ mkdir restful-api && cd restful-api
$ npm init
```

在项目目录下执行 npm init 命令，可以通过交互的方式输入项目相关信息，然后在项目中创建 package.json 文件。

安装 express 模块，代码如下。

```
$ npm install express --save
```

编写最简单的 Express 应用，在项目中创建 index.js 文件，如代码清单 10-8 所示。

代码清单 10-8 创建 index.js 文件

```
const Express = require('express');

const app = Express();
```

```
app.get('/', (req, res) => {
    res.send({
        msg: 'Hello Serverless',
    });
});

app.listen(3000, () => {
    console.log('Server started on http://localhost:3000');
});
```

直接启动服务 node index.js，访问 http://localhost:3000 就可以看到"Hello Serverless"了。

10.3.2　Express 路由的使用

通过创建 Express 实例 app，提供 app.METHOD() 方法，可以很轻松地定义各种 HTTP 请求，比如 app.get()、app.post()、app.put()、app.delete() 等。

我们分别创建一个 GET 和 POST 路由，如代码清单 10-9 所示。

代码清单 10-9　创建 GET 和 POST 路由

```
const Express = require('express');

const app = Express();

app.get('/', (req, res) => {
    res.send({
        msg: 'Hello Serverless',
    });
});

app.post('/', (res, res) => {
    res.send({
        msg: 'Post Request Success',
    });
});

app.listen(3000, () => {
    console.log('Server started on http://localhost:3000');
});
```

路由的使用方法很简单，接下来看看如何获取对应的请求参数。

通常 HTTP 请求参数的方式有三种：query、params、body。前面两种都是通过请求 URL 提交和获取客户端提交的请求参数，可以从 Express 的路由定义回调函数的第一个参数 req 请求对象获取，如代码清单 10-10 所示。

代码清单 10-10　提交和获取客户端提交的请求参数

```
app.get('/:resource', (req, res) => {
    const name = req.query.name;
    const resource = req.params.resource;
    res.send({
        name: name,
        resource: resource,
    });
});
```

然后重新启动服务，请求 http://localhost:3000/post?name=yuga 就会返回代码清单 10-11 所示的内容。

代码清单 10-11　重新启动服务

```
{
    "name": "yuga",
    "resource": "post"
}
```

那么 HTTP 的 POST 请求中的 body 参数如何获取呢？

由于 POST 请求数据格式在浏览器端通常是 JSON 字符串，如果要正确解析 POST 请求数据格式，需要添加 Express 框架提供的 JSON 中间件。通过 app.use() 方法引入该中间件，如代码清单 10-12 所示。

代码清单 10-12　引入 JSON 中间件

```
const Express = require('express');

const app = Express();
// 引入 JSON 中间件
app.use(Express.json());

app.get('/', (req, res) => {
    res.send({
```

```
        msg: 'Hello Serverless',
    });
});

app.get('/:resource', (req, res) => {
    const name = req.query.name;
    const resource = req.params.resource;
    res.send({
        name: name,
        resource: resource,
    });
});

app.post('/', (req, res) => {
    const body = req.body;
    console.log('body', body);
    res.send(body);
});

app.listen(3000, () => {
    console.log('Server started on http://localhost:3000');
});}
```

然后我们就可以通过 POST 方式向路径 / 提交数据了，如代码清单 10-13 所示。

代码清单 10-13 提交数据

```
$ curl -H 'Content-Type:application/json' -X POST  -d '{"name":"yugasun"}'
    http://localhost:3000/

{"name":"yugasun"} // 输出结果
```

10.3.3　改造成可执行的云函数

上面我们开发好的服务只是能在本地运行而已，通过 10.1.3 节的介绍，我们知道要想将服务部署成 Serverless 云函数，还需要进行入口文件改造。这里只需要通过 tencent-serverless-http 模块（该模块不仅支持腾讯云，也支持 AWS 云函数 Lambda 的 event 转化）就可以轻松搞定。

先安装 tencent-serverless-http 模块的依赖，代码如下所示。

```
$ npm install tencent-serverless-http --save
```

然后简单改造 index.js 文件，如代码清单 10-14 所示。

代码清单 10-14　改造 index.js 文件

```
const Express = require('express');
const app = Express();
const isDev = process.env.NODE_ENV === 'dev';

app.use(Express.json());

app.get('/', (req, res) => {
    res.send({
        msg: 'Hello Serverless',
    });
});

app.get('/:resource', (req, res) => {
    const name = req.query.name;
    const resource = req.params.resource;
    res.send({
        name: name,
        resource: resource,
    });
});

app.post('/', (req, res) => {
    const body = req.body;
    console.log('body', body);
    res.send(body);
});

// 如果是本地开发，则通过端口监听方式启动服务
if (isDev) {
    app.listen(3000, () => {
        console.log('Server started on http://localhost:3000');
    });
}
// 通过 tencent-serverless-http 库转换成云上可执行的云函数
const { createServer, proxy } = require("tencent-serverless-http");
module.exports.main_handler = async (event, context) => {
    context.callbackWaitsForEmptyEventLoop = false;
    const server = createServer(app);
```

```
    const result = await proxy(server, event, context, "PROMISE").promise;
    return result;
}
```

这样我们的项目既可以通过 NODE_ENV=dev node index.js 命令在本地运行，也可以部署成云函数，在云端执行。

10.3.4　编写 RESTful 风格的服务

编写 RESTful 风格的服务核心是服务路由与资源操作一一对应，比如我们创建用户，就需要定义路由 URL 为 /users，同时需要配置成 POST 方法，如代码清单 10-15 所示。

代码清单 10-15　创建用户

```
app.post('/users', (req, res) => {
    const user = req.body;
    console.log('user', user);
    res.send(user);
});
```

如此一来，客户端在发起 POST/users 的请求时，我们通过请求路径（/users）和请求方法 POST 就可以清楚地知道当前请求操作是用来创建用户记录的。

类似地，我们再分别添加获取、更新、删除用户的操作，如代码清单 10-16 所示。

代码清单 10-16　添加获取、更新、删除用户的操作

```
const Express = require('express');
const app = Express();
const isDev = process.env.NODE_ENV === 'dev';

app.use(Express.json());

app.get('/', (req, res) => {
    res.send({
        msg: 'Hello Serverless',
    });
});
```

```
/**
 * 获取用户列表
 */
app.get('/users', (req, res) => {
    // TODO：添加数据库操作
    res.send([
        {
            id: 1,
            name: 'user1',
            age: 10,
        },
        {
            id: 2,
            name: 'user2',
            age: 20,
        },
    ]);
});


/**
 * 创建用户
 */
app.post('/users', (req, res) => {
    const user = req.body;
    // TODO：添加数据库操作
    console.log('user', user);
    res.send(user);
});


/**
 * 获取 id 为 1 的用户详情
 */
app.get('/users/:id', (req, res) => {
    const id = req.params.id;
    // TODO：添加数据库操作
    res.send({
        id: 1,
        name: 'user1',
        age: 10,
    });
});


/**
 * 更新用户
 */
app.put('/users/:id', (req, res) => {
    const id = req.params.id;
    const user = req.body;
```

```
        // TODO: 添加数据库操作
        console.log('user', user);
        res.send({
            id,
            message: 'Update succes',
        });
    });

    /**
     * 删除用户
     */
    app.delete('/users/:id', (req, res) => {
        const id = req.params.id;
        // TODO: 添加数据库操作
        res.send({
            id,
            message: 'Delete success',
        });
    });

    // 如果是本地开发，则通过端口监听方式启动服务
    if (isDev) {
        app.listen(3000, () => {
            console.log('Server started on http://localhost:3000');
        });
    }
    // 通过 tencent-serverless-http 库将本地 Express 应用，转换成云上可执行的云函数
    const { createServer, proxy } = require("tencent-serverless-http");
    module.exports.main_handler = async (event, context) => {
        context.callbackWaitsForEmptyEventLoop = false;
        const server = createServer(app);
        const result = await proxy(server, event, context, "PROMISE").promise;
        return result;
    }
```

10.3.5　如何操作云数据库

到目前为止，我们的服务数据还仅仅是模拟的 JSON 数据，而实际的业务都是需要对数据库进行增删改查的，本节将介绍如何在云函数中操作云数据库。

在开始编写业务代码之前，我们需要拥有一个云 MySQL。我们可以到腾讯云官网花几块钱购买一个按流量收费的最低配 MySQL，方便接下来的案例操作。

为了安全，云数据的链接一般都会配置私有网络（以下简称 VPC），只有在相同 VPC 环境下的云服务才能互通，这样就保证了服务的安全性。

云函数只需要配置相应的 VPC，其他操作与传统开发没有区别。

> 🔍 注意　为了本地连接云数据进行调试，可以在开发阶段打开数据库公网访问，这样本地
> 开发也可以连接数据库进行相关操作。

接下来我们编写数据库操作相关代码，Node.js 社区提供的 mysql2 模块可以进行数据库操作，使用起来非常简单，先安装到当前目录下，命令如下所示。

```
$ npm install mysql2 --save
```

创建数据库连接需要引入数据库配置参数，比如数据库连接用户名和密码，这些都属于隐私信息，而且通常测试环境和线上环境配置是不一样的，所以这里需要引入环境变量配置，通过切换环境变量配置来修改数据库连接配置。

通常我们使用 dotenv 库注入环境变量。dotenv 库的使用方法很简单，只需要在项目目录下创建 env 文件，然后在文件中定义需要的环境变量，代码如下所示。

```
DB_HOST=xxx
DB_PORT=xxx
DB_USER=xxx
DB_PASSWORD=xxx
DB_DBNAME=xxx
```

在入口代码的顶端调用 dotenv 模块的 config() 方法，自动将 env 文件中定义的环境变量注入当前 Node.js 的运行环境中，代码如下所示。

```
// 通过 dotenv 模块注入 env 环境变量
require('dotenv').config();
// ...
```

我们在进行 CRUD 前，还需要初始化一张 users 表，创建 SQL 如下。

```
CREATE TABLE IF NOT EXISTS users (
```

```
        id        INT             UNSIGNED AUTO_INCREMENT,
        name      VARCHAR(30)     NOT NULL,
        age       INT             NOT NULL
)ENGINE=InnoDB DEFAULT CHARSET=utf8;
```

接下来，在项目中创建数据库操作文件 db.js，通过 mysql2 模块连接数据库，并且执行 SQL 语句实现 CRUD 业务逻辑，如代码清单 10-17 所示。

代码清单 10-17　创建数据库操作文件 db.js

```js
const mysql = require('mysql2/promise');

const db = {
    connection: null,
    async init() {
        // 初始化数据库连接
        if (!this.connection) {
            this.connection = await mysql.createConnection({
                host: process.env.DB_HOST,
                port: process.env.DB_PORT,
                user: process.env.DB_USER,
                password: process.env.DB_PASSWORD,
                database: process.env.DB_DBNAME,
            });

            // 初始化 users 表结构
            await this.connection.query('
                CREATE TABLE IF NOT EXISTS users (
                    id        INT             UNSIGNED AUTO_INCREMENT PRIMARY KEY,
                    name      VARCHAR(30)     NOT NULL,
                    age       INT             NOT NULL
                )ENGINE=InnoDB DEFAULT CHARSET=utf8;
            ');
        }
    },

    async query(sql, data) {
        await this.init();
        const res = await this.connection.query(sql, data);
        return res;
    },
    async getUsers() {
        const [rows, fields] = await this.query('SELECT * FROM 'users'');
        return rows || [];
    },
    async getUser(id) {
        const [rows] = await this.query('SELECT * FROM 'users' WHERE id = ?',
```

```
            [id]);
        return rows;
    },
    async createUser(user) {
        const [rows] = await this.query('INSERT INTO 'users' SET ?', user);
        return rows;
    },
    async updateUser(id, user) {
        const res = await this.query(
            'UPDATE 'users' SET name = ?, age = ? WHERE id = ?',
            [user.name, user.age, id],
        );
        return res;
    },
    async deleteUser(id) {
        const res = await this.query('DELETE FROM 'users' WHERE id = ?', [id]);
        return res;
    },
};

module.exports = db;
```

接下来在 index.js 文件中使用上面创建好的 db 对象。我们先改造获取用户列表的接口 GET /users，如代码清单 10-18 所示。

代码清单 10-18　改造获取用户列表的接口

```
// 通过 dotenv 模块注入 env 环境变量
require('dotenv').config();

const Express = require('express');
const DB = require('./db');
const app = Express();
const isDev = process.env.NODE_ENV === 'dev';

app.use(Express.json());


/**
 * 获取用户列表
 */
app.get('/users', async (req, res) => {
    const data = await DB.getUsers();
    res.send(data);
});
// 省略
```

重启 Node 服务，测试 GET/users 接口。

```
$ curl -X GET  http://localhost:3000/users
[] // 输出结果
```

现在可以看到正常返回的用户列表了，结果是空数组，这是因为我们还未向数据库插入任何数据。在数据库管理界面查看 users 表格是否初始化成功，如图 10-5 所示。

图 10-5 users 数据表初始化成功

接下来继续开发 RESTful 操作的另外四个方法：creatUser()、getUser()、deleteUser()、updateUser()，如代码清单 10-19 所示。

代码清单 10-19 creatUser()、getUser()、deleteUser()、updateUser() 方法示例

```
// 通过 dotenv 模块注入 env 环境变量
require('dotenv').config();

const Express = require('express');
// 引入数据库操作对象
const DB = require('./db');
const app = Express();
const isDev = process.env.NODE_ENV === 'dev';

app.use(Express.json());

app.get('/', (req, res) => {
    res.send({
        msg: 'Hello Serverless',
    });
```

```
});

/**
 * 获取用户列表
 */
app.get('/users', async (req, res) => {
    const data = await DB.getUsers();
    res.send(data);
});

/**
 * 创建用户
 */
app.post('/users', async (req, res) => {
    const user = req.body;
    const data = await DB.createUser(user);
    res.send({
        id: data.insertId,
        message: 'Create success',
    });
});

/**
 * 获取指定id的用户详情
 */
app.get('/users/:id', async (req, res) => {
    const id = parseInt(req.params.id);
    const [data] = await DB.getUser(id);
    if (data) {
        res.send(data);
    } else {
        res.send({
            id,
            message: 'User not exist',
        });
    }
});

/**
 * 更新用户
 */
app.put('/users/:id', async (req, res) => {
    const id = parseInt(req.params.id);
    const user = req.body;
    await DB.updateUser(id, user);
    res.send({
        id,
        message: 'Update succes',
```

```
        });
    });

    /**
     * 删除用户
     */
    app.delete('/users/:id', async (req, res) => {
        const id = parseInt(req.params.id);
        await DB.deleteUser(id);
        res.send({
            id,
            message: 'Delete success',
        });
    });

    // 如果是本地开发，则通过端口监听方式启动服务
    if (isDev) {
        app.listen(3000, () => {
            console.log('Server started on http://localhost:3000');
        });
    }
    // 通过 tencent-serverless-http 库将 Express 应用转换成云上可执行的云函数
    const { createServer, proxy } = require("tencent-serverless-http");
    module.exports.main_handler = async (event, context) => {
        context.callbackWaitsForEmptyEventLoop = false;
        const server = createServer(app);
        const result = await proxy(server, event, context, "PROMISE").promise;
        return result;
    }
```

接下来我们测试服务，创建用户，代码如下。

```
$ curl -H 'Content-Type:application/json' -X POST -d
    '{"name":"yugasun","age":20}' http://localhost:3000/users

{"id":1,"message":"Create success"}  // 输出结果
```

更新 id 为 1 的用户，代码如下。

```
$ curl -H 'Content-Type:application/json' -X PUT -d
    '{"name":"yugasun","age":10}' http://localhost:3000/users/1

{"id":1,"message":"Update succes"} // 输出结果
```

获取 id 为 1 的用户，代码如下。

```
$ curl -H 'Content-Type:application/json' -X GET http://localhost:3000/users/1

{"id":1,"name":"yugasun","age":10} // 输出结果
```

获取所有用户列表，代码如下。

```
$ curl -H 'Content-Type:application/json' -X GET  http://localhost:3000/users

[{"id":1,"name":"yugasun","age":10}] // 输出结果
```

删除 id 为 1 的用户，代码如下。

```
$ curl -H 'Content-Type:application/json' -X DELTE http://localhost:3000/
    users/1

{"id":1,"message":"Delete success"} // 输出结果
```

10.4　部署应用

针对用户进行增删改查的 RESTful API 服务已经开发完成了，下面介绍如何将其部署到云上，并且提供 API 服务。

10.4.1　手动打包部署

之前项目已经经过了入口文件改造，当 NODE_ENV 不为 dev 时，会导出一个 main_handler 函数，可以作为云函数的入口。登录腾讯云云函数控制台页面 https://console.cloud.tencent.com/scf/list，点击创建一个名为 restful-api 的函数，运行环境选择 Nodejs12.16，如图 10-6 所示。

选择并填写云函数的基本信息后，点击"下一步"，函数代码提交方法选择"本地上传文件夹"，然后点击"上传"按钮，选择代码目录，点击"完成"。

如果要提供 API 服务，还需要创建相关联的 API 网关。进入 API 网关控制台 https://console.cloud.tencent.com/apigateway/service，点击新建名称为 restful_api_service 的网关，前端类型为 HTTP 和 HTTPS，访问方式为公网，如图 10-7 所示。

图 10-6　创建云函数

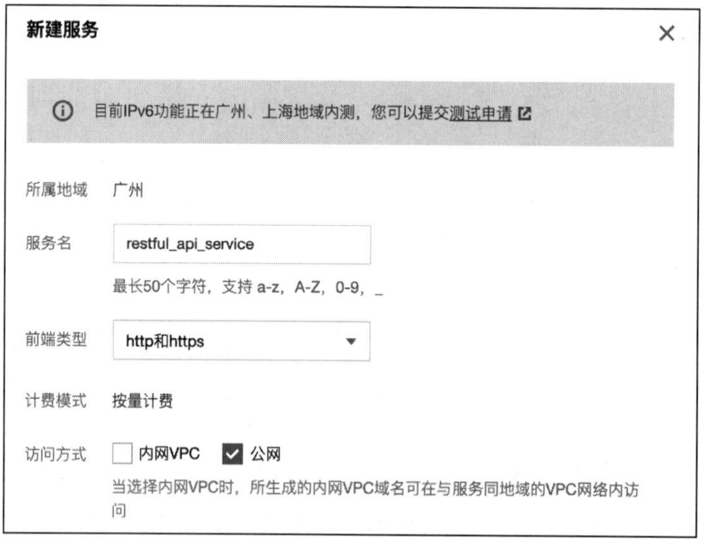

图 10-7　创建 API 网关服务

接着创建 API 基础配置，如图 10-8 所示。

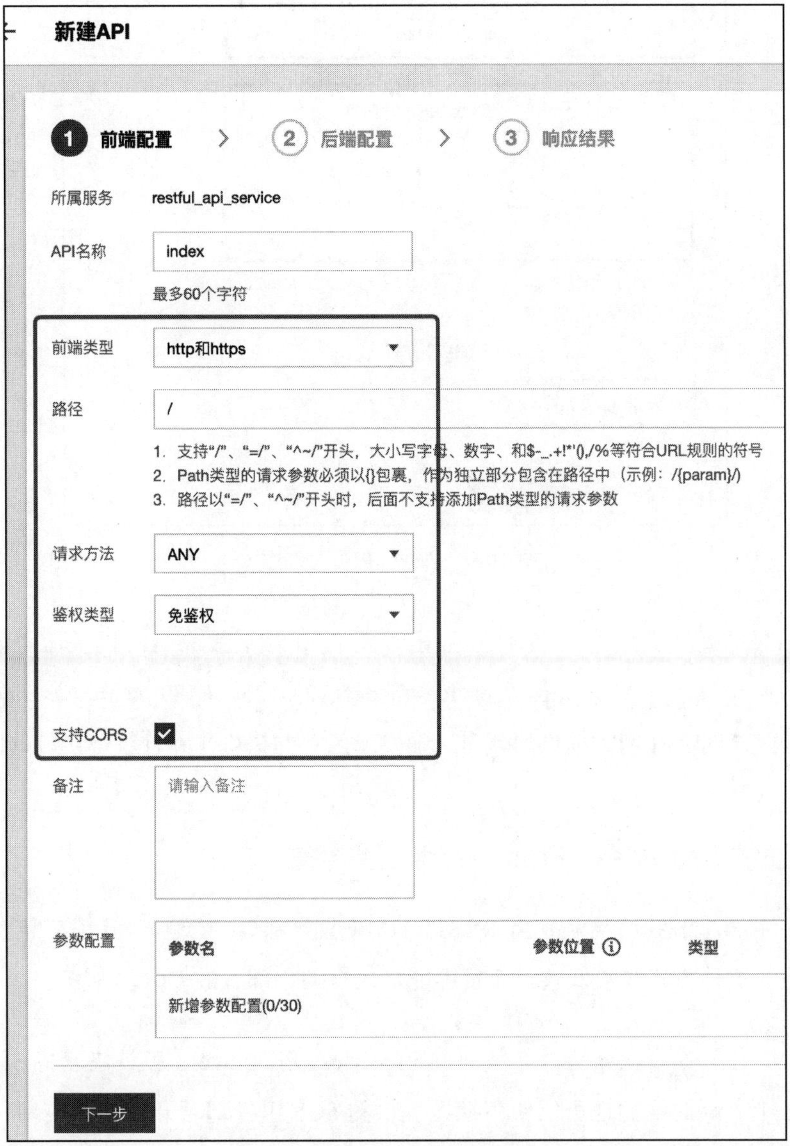

图 10-8　创建 API 前端配置

点击"下一步"，后端类型选择 cloud function，并且找到刚才创建的 restful-api 函数，需要开启响应集成，如图 10-9 所示。

图 10-9　创建 API 后端配置

响应结果的返回类型选择 JSON，点击"完成"，然后发布 API 网关服务。API 网关会自动生成一个域名，类似 https://service-abcdefg123-123456789.gz.apigw.tencentcs.com。我们可以通过访问 API 网关提供的域名来触发云函数的执行，并且获得接口返回结果。

10.4.2　通过 Serverless Framework 工具部署

虽然在 10.4.1 节我们顺利地将 RESTful API 服务部署到云上，但是都需要登录控制台手动完成，这种方式非常低效，而且不能接入自动化部署的 CI/CD 服务。

实际上，在第 5 章就介绍过如何通过 Serverless Framework 工具快速将 Serverless 应用部署到云上。因此我们也可以使用社区提供的 SCF 组件部署开发好的应用，使用时只需要先在项目下创建 serverless.yml 配置文件，如代码清单 10-20 所示。

代码清单 10-20　在项目下创建 serverless.yml 配置文件

```
component: scf
name: restfulApi
```

```
inputs:
    src: ./
    name: restful-api
    handler: index.main_handler
    runtime: Nodejs12.16
    events:
        - apigw:
            parameters:
                serviceName: restful_api_service
                environment: release
                protocols:
                    - http
                    - https
                endpoints:
                    - path: /
                        method: ANY
                        responseType: JSON
                        function:
                            isIntegratedResponse: true
                            functionQualifier: $DEFAULT
```

然后在开发机器上全局安装 serverless 命令行工具。

```
$ npm install serverless -g
```

通过 serverless 命令行工具管理云端资源是需要授权的，这里我们可以从腾讯云控制台的访问管理页面 https://console.cloud.tencent.com/cam/capi 获取 API 密钥，然后在 env 文件中进行如下配置。

```
DB_HOST=xxx
DB_PORT=xxx
DB_USER=xxx
DB_PASSWORD=xxx
DB_DBNAME=xxx

# tencent cloud auth
TENCENT_SECRET_ID=xxx
TENCENT_SECRET_KEY=xxx
```

一切准备就绪后，执行部署命令并等待即可，如代码清单 10-21 所示。

代码清单 10-21　执行部署命令

```
$ serverless deploy
```

```
serverless ⚡framework
Action: "deploy" - Stage: "dev" - App: "restfulApi" - Instance: "restfulApi"

functionName: restful-api
description: This is a function in restfulApi application
namespace:   default
runtime:     Nodejs12.16
handler:     index.main_handler
memorySize:  128
lastVersion: $LATEST
traffic:     1
triggers:
    apigw:
        - https://service-abcdefghi-1234567890.gz.apigw.tencentcs.com/release/

Full details:
    https://serverless.cloud.tencent.com/apps/restfulApi/restfulApi/dev

12s › restfulApi › Success
```

部署成功后，访问生成的 triggers.apigw 链接 https://service-abcdefghi-1234567890.gz.apigw.tencentcs.com/release/。测试一下获取用户列表接口，代码如下。

```
$ curl -H 'Content-Type:application/json' -X GET
    https://service-abcdefghi-1234567890.gz.apigw.tencentcs.com/release/users

[{"id":1,"name":"yugasun","age":10}] // 输出结果
```

10.5 本章小结

通过本章的学习，我们不仅学会了如何将传统的 Web 服务部署到 Serverless 架构上，还以经典的 RESTful API 服务为例，一步步实现了一个完整的带有云端数据操作的 API 服务。同时，借助第 5 章介绍的 Serverless Framework 工具，我们将 Web 服务快速部署到云上。

实践章节代码内容较多，希望读者在阅读的过程中，多多尝试自己编程，以便加深学习印象。赶紧动起手来实现自己喜欢的 Serverless Web 服务吧！

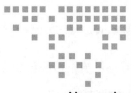

第 11 章 *Chapter 11*

Serverless 后台管理系统

第 10 章详细介绍了如何将传统的 Web 服务 Serverless 化，并且以 Express.js 为例，实现了一个 Serverless RESTful API 服务。但是在实际开发工作中，我们还需要关注前端页面开发。现在各个公司的业务开发模式大多为前后端分离，通常后端负责开发服务接口，前端负责开发交互页面，前端通过请求后端接口，动态展现不同的视图页面给用户。本章将带领大家实现一个全栈的后台管理系统。

学习完本章，你将了解到：

❑ Egg.js 的基本使用。

❑ 如何使用 Sequelize ORM 模块操作 PostgreSQL。

❑ 如何使用 Redis。

❑ 如何使用 JWT 进行用户登录验证。

❑ 如何将本地开发好的 Egg.js 应用部署到云函数上。

❑ 如何基于云端对象存储快速部署静态网站。

11.1　Egg.js 框架简介

在开始实战之前，我们先来简单介绍一下 Egg.js 框架。

官方介绍 Egg.js 为企业级框架和应用而生，希望由 Egg.js 孕育出更多上层框架，帮助开发者降低开发和维护成本。

由此可见，Egg.js 是一个企业级应用框架，它完全开源，具有高扩展性，开源社区提供了丰富的插件，极大提高了开发效率。开发者只需要关注业务，比如要使用数据库，只需要引入 egg-sequelize 插件，然后进行简单配置，就可以以 ORM 的方式操作常用的数据库。正因如此，第一次接触 Egg.js，身为前端开发的我便喜欢上了它，之后也用它开发过不少应用。

使用 Egg.js 框架提供的 CLI 工具，可以快速初始化 Egg.js 项目，代码如下。

```
$ mkdir egg-example && cd egg-example
$ npm init egg --type=simple
$ npm i
```

启动项目代码如下。

```
$ npm run dev
```

然后浏览器访问 http://localhost:7001，就可以看到亲切的 hi, egg 字样了。更多关于 Egg.js 框架知识，建议阅读官方文档 https://eggjs.org/zh-cn/intro/quickstart.html。

11.2　系统框架设计

我们的系统是前后端分离的，后端服务使用 Egg.js，并且数据库使用腾讯云提供的 Serverless PostgreSQL。之所以使用它，是因为 Serverless Framework 社区提供了 postgresql 组件，借助该组件，可以通过命令行的方式快速创建和销毁数据库实例。后端服务提供了 RESTful API，并且前端将直接使用 Vue.js 开源社区提供的后台管理系统模板 vue-admin-template，该模板已经帮我们开发好了基本功能界面，使用时只需要将接口处理逻辑修改为我们自己开发的接口服务。

接口服务主要实现两个核心功能：**用户登录鉴权**和**文章管理**。其他的功能读者可以根据自身需要自由扩展，整个系统设计如图 11-1 所示。

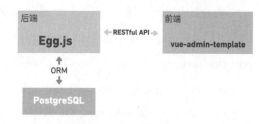

图 11-1　系统框架图

11.3　数据库设计

想要实现开发的两个核心服务：**用户登录鉴权**和**文章管理**，至少需要两张表：一个是用户表，另一个是文章表。由于还需要控制不同用户的角色权限，我们再增加一张角色表，表结构如图 11-2 所示。

图 11-2　数据库表设计

11.4 创建数据库

现在数据库已经设计好了，但是还需要提前创建一个数据库实例，这就用到了腾讯云官方针对 Serverless 提供的 Serverless PostgreSQL（https://console.cloud.tencent.com/postgres/serverless）。Serverless Framework 社区也提供了开源组件 PosgreSQL(https://github.com/serverless-components/tencent-postgresql)，只需要进行简单的配置，就可以快速创建一个 Serverless PostgreSQL 数据库。

1. 配置

首先我们在项目根目录下创建 db 文件夹，然后在其中创建 serverless.yml 文件，配置如代码清单 11-1 所示。

代码清单 11-1　serverless.yml 文件配置

```
org: slsplus
app: admin-system
stage: dev

component: postgresql
name: admin-system-db

inputs:
    region: ap-guangzhou
    zone: ap-guangzhou-2
    dBInstanceName: ${name}
    vpcConfig:
        vpcId: vpc-xxx
        subnetId: subnet-xxx
    extranetAccess: true
```

这里先将 extranetAccess 设为 true，目的是开启外网访问，方便本地连接数据库开发调试。

2. 部署数据库

文件配置好后，我们在项目根目录的 package.json 文件中新增部署数据库命令，如代码清单 11-2 所示。

代码清单 11-2　新增部署数据库命令

```
{
    //...
    "scripts": {
        "deploy:db": "serverless deploy --target=./db",
    },
    /..
}
```

然后执行 deploy:db 命令，如代码清单 11-3 所示。

代码清单 11-3　执行 deploy:db 命令

```
$ npm run deploy:db

serverless ⚡framework
Action: "deploy" - Stage: "dev" - App: "admin-system" - Instance: "admin-
    system-db"

region:         ap-guangzhou
zone:           ap-guangzhou-2
vpcConfig:
    subnetId: subnet-xxx
    vpcId:    vpc-xxx
dBInstanceName: admin-system-db
private:
    connectionString:
        postgresql://tencentdb_xxx:abcdefg@10.0.0.16:5432/tencentdb_xxx
    host:           10.0.0.16
    port:           5432
    user:           tencentdb_xxx
    password:       abcdefg
    dbname:         tencentdb_xxx
public:
    connectionString:
        postgresql://tencentdb_xxx:abcdefg@postgres-xxx.sql.tencentcdb.
        com:50140/tencentdb_xxx
    host:           postgres-xxx.sql.tencentcdb.com
    port:           50140
    user:           tencentdb_xxx
    password:       abcdefg
    dbname:         tencentdb_xxx
```

　　如果执行成功，Serverless PostgreSQL 组件就可以创建好对应的数据库，并且在命令
行输出连接创建的数据库需要的用户名和密码。

11.5　开发准备

在开发之前我们先准备好需要的项目目录结构，创建项目文件夹 serverless-admin-system。然后在项目目录下初始化文件夹为 backend 的 Egg.js 项目。

```
$ mkdir backend && cd backend
$ npm init egg --type=simple
$ npm i
```

将前端模板项目复制到 frontend 文件夹中。

```
$ git clone https://github.com/PanJiaChen/vue-admin-template.git frontend
```

 说明　vue-admin-template 是基于 Vue 2.0 的管理系统模板，是一个非常优秀的项目，建议对 Vue.js 感兴趣的开发者深入学习。如果你对 Vue.js 还不是太了解，可以参考基础入门学习教程的系列文章：https://yugasun.github.io/You-May-Not-Know-Vuejs。

现在项目目录结构如下。

```
.
├── README.md
├── backend      // 创建的 Egg.js 项目
└── frontend     // 复制的 Vue.js 前端项目模板
```

启动前端项目，代码如下。

```
$ cd frontend
$ npm install
$ npm run dev
```

访问 http://localhost:9528 就可以看到模拟的登录界面了，如图 11-3 所示。

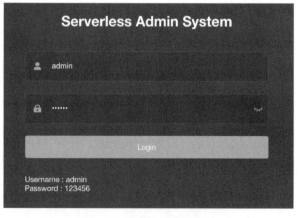

图 11-3　管理系统登录界面

11.6　开发后端服务

对于一个后台管理系统服务，这里只实现登录鉴权和文章管理功能，其他功能大同小异，读者可以自由补充扩展。

1. 添加 Sequelize 插件

在正式开发之前，我们需要引入数据库插件，本例使用开源的 Sequelize ORM 工具进行数据库操作，正好 Egg.js 提供了 egg-sequelize 插件，可以直接拿来用，先进行安装，命令如下。

```
$ cd backend
$ npm install egg-sequelize pg --save
```

 说明　因为需要通过 sequelize 连接 PostgreSQL，所以要同时安装 pg 模块。

然后在 backend/config/plugin.js 中引入该插件，如代码清单 11-4 所示。

代码清单 11-4　在 backend/config/plugin.js 中引入插件

```
module.exports = {
    // 省略
    sequelize: {
        enable: true,
        package: "egg-sequelize",
    },
    // 省略
};
```

在 backend/config/config.default.js 中配置数据库连接参数，如代码清单 11-5 所示。

代码清单 11-5　置数据库连接参数

```
// 省略
const userConfig = {
    // 省略
    sequelize: {
        dialect: "postgre",
        // 这里也可以通过 env 文件注入环境变量，然后通过 process.env 获取
```

```
            host: "xxx",
            port: "xxx",
            database: "xxx",
            username: "xxx",
            password: "xxx",
        },
        // 省略
    };
    // 省略
```

2. 添加 JWT 插件

系统使用 JWT 方式进行登录鉴权，Egg.js 也提供了对应的插件 egg-jwt，安装和配置方法可参考官方文档 https://github.com/eggjs/egg-jwt。

3. 添加 Redis 插件

系统使用 Redis 存储和管理用户 token，安装和配置方法可参考官方文档 https://github.com/eggjs/egg-redis。

4. 开发角色相关 API

定义角色模型，创建 backend/app/model/role.js 文件，如代码清单 11-6 所示。

代码清单 11-6　创建 backend/app/model/role.js 文件

```
module.exports = (app) => {
    const { STRING, INTEGER, DATE } = app.Sequelize;

    const Role = app.model.define("role", {
        id: { type: INTEGER, primaryKey: true, autoIncrement: true },
        name: STRING(30),
        created_at: DATE,
        updated_at: DATE,
    });

    // 这里定义与 users 表的关系，一个角色可以含有多个用户，外键相关
    Role.associate = () => {
        app.model.Role.hasMany(app.model.User, { as: "users" });
    };

    return Role;
};
```

实现角色相关服务，创建 backend/app/service/role.js 文件，如代码清单 11-7 所示。

代码清单 11-7　创建 backend/app/service/role.js 文件

```javascript
const { Service } = require("egg");

class RoleService extends Service {
    // 获取角色列表
    async list(options) {
        const {
            ctx: { model },
        } = this;
        return model.Role.findAndCountAll({
            ...options,
            order: [
                ["created_at", "desc"],
                ["id", "desc"],
            ],
        });
    }

    // 通过 id 获取角色
    async find(id) {
        const {
            ctx: { model },
        } = this;
        const role = await model.Role.findByPk(id);
        if (!role) {
            this.ctx.throw(404, "role not found");
        }
        return role;
    }

    // 创建角色
    async create(role) {
        const {
            ctx: { model },
        } = this;
        return model.Role.create(role);
    }

    // 更新角色
    async update({ id, updates }) {
        const role = await this.ctx.model.Role.findByPk(id);
        if (!role) {
            this.ctx.throw(404, "role not found");
        }
    }
```

```
        return role.update(updates);
    }

    // 删除角色
    async destroy(id) {
        const role = await this.ctx.model.Role.findByPk(id);
        if (!role) {
            this.ctx.throw(404, "role not found");
        }
        return role.destroy();
    }
}

module.exports = RoleService;
```

一个完整的 RESTful API 应该包括以上五种方法。实现 RoleController 并创建
backend/app/controller/role.js，如代码清单 11-8 所示。

代码清单 11-8　实现 RoleController 并创建 backend/app/controller/role.js

```
const { Controller } = require("egg");

class RoleController extends Controller {
    async index() {
        const { ctx } = this;
        const { query, service, helper } = ctx;
        const options = {
            limit: helper.parseInt(query.limit),
            offset: helper.parseInt(query.offset),
        };
        const data = await service.role.list(options);
        ctx.body = {
            code: 0,
            data: {
                count: data.count,
                items: data.rows,
            },
        };
    }

    async show() {
        const { ctx } = this;
        const { params, service, helper } = ctx;
        const id = helper.parseInt(params.id);
        ctx.body = await service.role.find(id);
    }
```

```
async create() {
    const { ctx } = this;
    const { service } = ctx;
    const body = ctx.request.body;
    const role = await service.role.create(body);
    ctx.status = 201;
    ctx.body = role;
}

async update() {
    const { ctx } = this;
    const { params, service, helper } = ctx;
    const body = ctx.request.body;
    const id = helper.parseInt(params.id);
    ctx.body = await service.role.update({
        id,
        updates: body,
    });
}

async destroy() {
    const { ctx } = this;
    const { params, service, helper } = ctx;
    const id = helper.parseInt(params.id);
    await service.role.destroy(id);
    ctx.status = 200;
}
}

module.exports = RoleController;
```

之后在 backend/app/route.js 路由配置文件中定义角色的 RESTful API，代码如下。

```
router.resources("roles", "/roles", controller.role);
```

通过 router.resources() 方法，我们将 roles 这个资源的增删改查接口映射到了 app/
controller/roles.js 文件，详细说明可参考官方文档，地址为 https://eggjs.org/zh-cn/
tutorials/restful.html。

5. 开发用户相关 API

同 Role 一样，需要定义用户 API，这里不再赘述，可以参考项目实例源码：https://
github.com/yugasun/serverless-admin-system。

6. 同步数据库表格

上面只是定义好了 Role 和 User 两个数据模型，如何将数据模型同步到数据库，创建对应的数据表呢？

本例将借助 Egg.js 启动 hooks 实现数据库表结构同步，Egg.js 框架提供了统一的入口文件 app.js 自定义启动过程，这个文件返回一个 Boot 类，通过定义 Boot 类中的生命周期可以执行启动应用过程中的初始化工作。

首先，在 backend 目录下创建 app.js 文件，如代码清单 11-9 所示。

代码清单 11-9　创建 app.js 文件

```
"use strict";

class AppBootHook {
    constructor(app) {
        this.app = app;
    }

    async willReady() {
        // 这里只能在开发模式下同步数据库表格
        const isDev = process.env.NODE_ENV === "development";
        if (isDev) {
            try {
                console.log("Start syncing database models...");
                await this.app.model.sync({ logging: console.log, force: isDev
                    });
                console.log("Start init database data...");
                await this.app.model.query(
                    "INSERT INTO roles (id, name, created_at, updated_at)
                        VALUES (1, 'admin', '2020-02-04 09:54:25', '2020-02-04
                        09:54:25'),(2, 'editor', '2020-02-04 09:54:30', '2020-
                        02-04 09:54:30');"
                );
                await this.app.model.query(
                    "INSERT INTO users (id, name, password, age, avatar,
                        introduction, created_at, updated_at, role_id) VALUES
                        (1, 'admin', 'e10adc3949ba59abbe56e057f20f883e', 20,
                        'https://yugasun.com/static/avatar.jpg', 'Fullstack
                        Engineer', '2020-02-04 09:55:23', '2020-02-04
                        09:55:23', 1);"
                );
                await this.app.model.query(
```

```
                    "INSERT INTO posts (id, title, content, created_at,
                        updated_at, user_id) VALUES (2, 'Awesome Egg.js',
                        'Egg.js is a awesome framework', '2020-02-04 09:57:24',
                        '2020-02-04 09:57:24', 1),(3, 'Awesome Serverless',
                        'Build web, mobile and IoT applications using Tencent
                        Cloud and API Gateway, Tencent Cloud Functions, and
                        more.', '2020-02-04 10:00:23', '2020-02-04 10:00:23',
                        1);"
                );
                    console.log("Successfully init database data.");
                    console.log("Successfully sync database models.");
                } catch (e) {
                    console.log(e);
                    throw new Error("Database migration failed.");
                }
            }
        }
    }

module.exports = AppBootHook;
```

在生命周期函数 willReady() 中，执行 this.app.model.sync() 函数可以同步数据表，当然这里同时插入了角色和用户两条数据记录，方便后面登录演示。

注
意　这里的数据库同步只用于本地调试，如果想要使用腾讯云的 MySQL 数据库，建议开启远程连接，通过 sequelize db:migrate 命令实现，而不是在每次启动 Egg 应用时同步，示例代码已经完成此功能，可参考 Egg Sequelize 文档了解更多内容，地址为 https://eggjs.org/zh-cn/tutorials/sequelize.html。

---

7. 迁移数据库

全局安装数据库迁移工具 sequelize-cli，代码如下。

```
$ npm I sequelize-cli -g
```

初始化项目 Migrations 配置文件和目录，代码如下。

```
$ sequelize init:config && sequelize init:migrations
```

执行完成后，项目的 backend 目录下会生成 database/migrations 目录，包含之前定义的数据模型，同时也会生成 database/config.js 目录，用于配置数据库连接。

此时需要将 database/config.js 文件的 production（生产环境）中的参数，配置成上面部署 postgresql 成功后，控制台输出的 public 对象中的参数值，映射关系如图 11-4 所示。

postgresql.public 输出	database/config.js 中 production 参数
host	host
port	post
user	username
password	password
dbname	database

图 11-4　Sequelize 数据库迁移配置映射

配置好后，执行如下命令。

```
$ NODE_ENV=production sequelize db:migrate —config database/config.js
```

也可以在 backend/package.json 文件中添加 db:migrate 脚本为上述命令，然后可以通过 npm run 命令快速执行。

这里为了简化过程，直接开启腾讯云 PostgreSQL 的公网访问，然后修改 config.default.js 中的 sequelize 配置，执行 npm run dev 命令进行开发模式同步。至此，用户和角色的接口服务都已经定义好了，再次执行 npm run dev 命令，启动后端服务，访问 https://127.0.0.1:7001/users 就可以获取所有用户列表了。

8. 用户登录 / 注销 API

本例登录逻辑比较简单：客户端发送用户名和密码到 /login 接口，后端通过 login() 函数接收登录相关的参数，然后从数据库中查询该用户名，同时比对密码是否正确。如果密码正确则调用 app.jwt.sign() 函数生成 token，并将 token 存入 Redis 中，同时返回该
token，之后客户端需要鉴权的请求都会携带 token 进行鉴权验证，流程如图 11-5 所示。

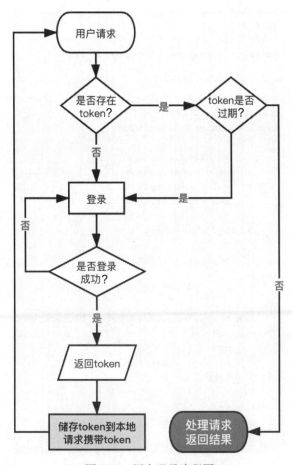

图 11-5　用户登录流程图

首先，在 backend/app/controller/home.js 中新增登录处理 login 方法，如代码清单
11-10 所示。

代码清单 11-10　新增登录处理 login 方法

```
class HomeController extends Controller {
    // ...
    async login() {
        const { ctx, app, config } = this;
```

```javascript
    const { service, helper } = ctx;
    const { username, password } = ctx.request.body;
    const user = await service.user.findByName(username);
    if (!user) {
        ctx.status = 403;
        ctx.body = {
            code: 403,
            message: "Username or password wrong",
        };
    } else {
        if (user.password === helper.encryptPwd(password)) {
            ctx.status = 200;
            const token = app.jwt.sign(
                {
                    id: user.id,
                    name: user.name,
                    role: user.role.name,
                    avatar: user.avatar,
                },
                config.jwt.secret,
                {
                    expiresIn: "1h",
                }
            );
            try {
                await app.redis.set('token_${user.id}', token);
                ctx.body = {
                    code: 0,
                    message: "Get token success",
                    token,
                };
            } catch (e) {
                console.error(e);
                ctx.body = {
                    code: 500,
                    message: "Server busy, please try again",
                };
            }
        } else {
            ctx.status = 403;
            ctx.body = {
                code: 403,
                message: "Username or password wrong",
            };
        }
    }
}
```

> 注意　这里有个密码存储逻辑，用户在注册时，密码都是通过 helper 函数 encryptPwd()
> 进行加密的（这里用的是最简单的 md5 加密方式，实际开发中建议使用更加高级
> 的加密方式），所以在校验密码正确性时，也需要先加密一次。至于如何在 Egg.js
> 框架中新增 helper 函数，只需要在 backend/app/extend 文件夹中新增 helper.js 文
> 件，然后将包含该函数的对象赋值给 modole.exports。更多详情可参考 Egg.js 框
> 架扩展文档，地址为 https://eggjs.org/zh-cn/basics/extend.html#helper。

在 backend/app/controller/home.js 中新增 userInfo() 方法，获取用户信息，如代码清
单 11-11 所示。

代码清单 11-11　新增 userInfo() 方法

```
async userInfo() {
    const { ctx } = this;
    const { user } = ctx.state;
    ctx.status = 200;
    ctx.body = {
        code: 0,
        data: user,
    };
}
```

egg-jwt 插件通过鉴权后，会将 app.jwt.sign(user, secrete) 加密的用户信息添加到
ctx.state.user 对象上，相关路由对应 controller 函数也会通过此方法获取用户信息，所以
userInfo() 函数只需要将它返回。

之后，在 backend/app/controller/home.js 中新增 logout() 方法，如代码清单 11-12 所示。

代码清单 11-12　新增 logout() 方法

```
async logout() {
    const { ctx } = this;
    ctx.status = 200;
    ctx.body = {
        code: 0,
        message: 'Logout success',
    };
}
```

userInfo() 和 logout() 函数非常简单，重点是如何处理路由中间件。

接下来，我们定义登录相关路由。修改 backend/app/router.js 文件，新增 /login、/user-info、/logout 三个路由，如代码清单 11-13 所示。

代码清单 11-13　定义登录相关路由

```js
const koajwt = require("koa-jwt2");

module.exports = (app) => {
    const { router, controller, jwt } = app;
    router.get("/", controller.home.index);

    router.post("/login", controller.home.login);
    router.get("/user-info", jwt, controller.home.userInfo);
    const isRevokedAsync = function (req, payload) {
        return new Promise((resolve) => {
            try {
                const userId = payload.id;
                const tokenKey = 'token_${userId}';
                const token = app.redis.get(tokenKey);
                if (token) {
                    app.redis.del(tokenKey);
                }
                resolve(false);
            } catch (e) {
                resolve(true);
            }
        });
    };
    router.post(
        "/logout",
        koajwt({
            secret: app.config.jwt.secret,
            credentialsRequired: false,
            isRevoked: isRevokedAsync,
        }),
        controller.home.logout
    );

    router.resources("roles", "/roles", controller.role);
    router.resources("users", "/users", controller.user);
    router.resources("posts", "/posts", controller.post);
};
```

使用 Egg.js 框架定义路由时，router.post() 函数可以接受中间件函数，用来处理一些与路由相关的特殊逻辑。比如 /user-info 路由添加了 app.jwt 作为 JWT 鉴权中间件函数。

这里稍微复杂的是 /logout 路由，因为我们在注销登录时，需要将用户的 token 从 redis 中移除，所以借助了 koa-jwt2 插件的 isRevokded 参数，配置自定义函数删除 token。

前面提到过，本文后端服务还需要对文章（Post）进行增删改查，由于文章管理的接口跟用户管理接口非常类似，这里就不重复介绍了，读者可以尝试自己开发和编写，也可以直接从项目源码中复制：https://github.com/yugasun/serverless-admin-system/blob/master/backend/app/controller/post.js。

11.7　后端服务部署

到这里，后端服务的登录和注销逻辑就基本完成了。如何将后端服务部署到云函数上呢？我们可以直接使用腾讯云官方提供的 Serverless 组件 tencent-egg（https://github.com/serverless-components/tencent-egg），它是专门为 Egg.js 框架打造的 Serverless 组件，使用它可以快速将 Egg.js 项目部署到腾讯云云函数上。

11.7.1　准备工作

我们先创建一个 backend/sls.js 入口文件，如代码清单 11-14 所示。

代码清单 11-14　创建 backend/sls.js 入口文件

```
const { Application } = require("egg");
const app = new Application({
    env: "prod"
});
module.exports = app;
```

然后修改 backend/config/config.default.js 文件内容，如代码清单 11-15 所示。

代码清单 11-15　修改 backend/config/config.default.js 文件内容

```
const config = (exports = {
    env: "prod", // 推荐云函数的 Egg 运行环境变量修改为 prod
    rundir: "/tmp",
    logger: {
        dir: "/tmp",
    },
});
```

> **注意** 这里修改运行和日志目录，是因为云函数运行时，只有 /tmp 才有写权限，这样配置 Egg 应用才能正常启动，并产生运行日志。

当然还需要全局安装 serverless 命令。

```
$ npm install serverless -g
```

11.7.2　配置 serverless.yml

在项目根目录下创建 serverless.yml 文件，同时新增 backend 配置，如代码清单 11-16 所示。

代码清单 11-16　创建 serverless.yml 文件并新增 backend 配置

```
org: slsplus
app: admin-system
stage: dev

component: egg
name: admin-system-backend

inputs:
    region: ap-guangzhou
    src:
        src: ./
        exclude:
            - '.git/**'
            - 'docs/**'
            - 'test/**'
    functionName: serverless-admin-system
    functionConf:
```

```
        timeout: 120
        vpcConfig:
            vpcId: vpc-xxx
            subnetId: subnet-xxx
        environment:
            variables:
                NODE_ENV: production
                SERVERLESS: true
                DB_HOST: ${output:${stage}:${app}:${app}-db.private.host}
                DB_PORT: ${output:${stage}:${app}:${app}-db.private.port}
                DB_NAME: ${output:${stage}:${app}:${app}-db.private.dbname}
                DB_USER: ${output:${stage}:${app}:${app}-db.private.user}
                DB_PASSWORD: ${output:${stage}:${app}:${app}-db.private.
                    password}
apigatewayConf:
    environment: release
    protocols:
        - https
```

> 注
> 意　配置中添加了 DB_HOST、DB_PORT、DB_NAME、DB_USER 和 DB_PASSWORD
> 等跟数据库有关的环境变量，并且通过 ${output:<stage>:<app>:<instanceName>.
> private.xxx} 引用之前创建好的数据库相关参数。

此时项目目录结构如下。

```
.
├── README.md
├── backend
│   └── serverless.yml
├── frontend
└── package.json
```

11.7.3 开始部署

首先执行如下部署命令。

```
$ serverless deploy --debug
```

之后控制台需要扫码登录验证腾讯云账号，部署成功后，控制台会输出如代码清单

11-17 所示的信息。

代码清单 11-17　控制台输出的内容

```
serverless ⚡framework
Action: "deploy" - Stage: "dev" - App: "admin-system" - Instance: "admin-
    system-backend"

region: ap-guangzhou
apigw:
    serviceId:    service-xxx
    subDomain:    service-xxx-xxx.gz.apigw.tencentcs.com
    environment: release
    url:          https://service-xxx-xxx.gz.apigw.tencentcs.com/release/
scf:
    functionName: serverless-admin-system
    runtime:      Nodejs10.15
    namespace:    default
    lastVersion:  $LATEST
    traffic:      1

Full details: https://serverless.cloud.tencent.com/apps/admin-system/admin-
    system-backend/dev
```

这里输出的 https://service-xxx-xxx.gz.apigw.tencentcs.com/release/ 就是部署成功的 API 网关地址，可以直接访问进行测试。

> 📷 注意　在部署云函数时，会自动在腾讯云 API 网关创建一个服务，同时创建一个 API。该 API 会关联对应的 Egg.js 云函数，访问 API，就可以触发部署好的云函数了。

11.7.4　账号配置（可选）

当前默认 Serverless CLI 执行部署命令时需要扫描二维码登录，如果不想每次部署都扫描二维码，可以配置永久密钥信息到环境变量中。只需要在项目根目录创建 env 文件，内容如下。

```
# .env
TENCENT_SECRET_ID=123
TENCENT_SECRET_KEY=123
```

在 env 文件中，TENCENT_SECRET_ID 和 TENCENT_SECRET_KEY 分别对应腾讯云账号的的 SecretId 和 SecretKey，密钥可以在 API 密钥管理页面创建和查看，访问网址为 https://console.cloud.tencent.com/cam/capi。

11.8 前端开发

本例直接使用 GitHub 开源项目 vue-admin-template（https://github.com/PanJiaChen/vue-admin-template）作为前端项目模板。当然我们还需要进行如下二次开发。

❑ 删除接口模拟：更换为真实的后端服务接口。
❑ 修改接口函数：包括用户相关的 frontend/src/api/user.js 和文章相关接口 frontend/src/api/post.js。
❑ 修改接口工具函数：修改 frontend/src/utils/request.js 文件，包括 axios 请求的 baseURL 和 header。
❑ UI 界面修改：新增文章管理页面，包括列表页和新增页。

11.8.1 删除接口模拟

首先删除 frontend/mock 文件夹，然后修改前端入口文件 frontend/src/main.js，如代码清单 11-18 所示。

代码清单 11-18 删除 frontend/mock 文件夹并修改前端入口文件 frontend/src/main.js

```
import Vue from "vue";

import "normalize.css/normalize.css";
import ElementUI from "element-ui";
import "element-ui/lib/theme-chalk/index.css";
import locale from "element-ui/lib/locale/lang/en";
import "@/styles/index.scss";
import App from "./App";
import store from "./store";
import router from "./router";
import "@/icons";
import "@/permission";
```

```
Vue.use(ElementUI, { locale });
Vue.config.productionTip = false;

new Vue({
    el: "#app",
    router,
    store,
    render: (h) => h(App),
});
```

删除接口模拟后，将项目中的接口改为我们之前开发的真实后端接口。

11.8.2　修改接口函数

修改 frontend/src/api/user.js 文件，包括登录、注销、获取用户信息和用户列表函数，如代码清单 11-19 所示。

代码清单 11-19　修改 frontend/src/api/user.js 文件

```
import request from "@/utils/request";

// 登录
export function login(data) {
    return request({
        url: "/login",
        method: "post",
        data,
    });
}

// 获取用户信息
export function getInfo(token) {
    return request({
        url: "/user-info",
        method: "get",
    });
}

// 注销登录
export function logout() {
    return request({
        url: "/logout",
        method: "post",
```

```
    });
}

// 获取用户列表
export function getList() {
    return request({
        url: "/users",
        method: "get",
    });
}
```

新增 frontend/src/api/post.js 文件，对文章列表进行管理的相关接口如代码清单 11-20 所示。

代码清单 11-20　新增 frontend/src/api/post.js 文件

```
import request from "@/utils/request";

// 获取文章列表
export function getList(params) {
    return request({
        url: "/posts",
        method: "get",
        params,
    });
}

// 创建文章
export function create(data) {
    return request({
        url: "/posts",
        method: "post",
        data,
    });
}

// 删除文章
export function destroy(id) {
    return request({
        url: '/posts/${id}',
        method: "delete",
    });
}
```

11.8.3 修改接口工具函数

因为 tencent-website 组件可以定义 env 参数，所以执行部署时，它会在指定 envPath 目录自动生成 env.js 文件。env.js 文件会挂载 env 定义的接口变量到 window 对象上，所以我们可以在创建入口模板文件 frontend/public/index.html 时引入环境变量，如代码清单 11-21 所示。

代码清单 11-21　引入环境变量

```html
<!DOCTYPE html>
<html>
    <head>
        <meta charset="utf-8" />
        <meta http-equiv="X-UA-Compatible" content="IE=edge,chrome=1" />
        <meta
            name="viewport"
            content="width=device-width, initial-scale=1, maximum-scale=1,
                user-scalable=no"
        />
        <link rel="icon" href="<%= BASE_URL %>favicon.ico" />
        <title><%= webpackConfig.name %></title>
        <!-- 引入环境变量 -->
        <script src="./env.js"></script>
    </head>
    <body>
        <noscript>
            <strong
                >We're sorry but <%= webpackConfig.name %> doesn't work properly
                    without
                JavaScript enabled. Please enable it to continue.</strong
            >
        </noscript>
        <div id="app"></div>
        <!-- built files will be auto injected -->
    </body>
</html>
```

生成的 env.js 文件如下。

```javascript
window.env = {};
window.env.apiUrl = "https://service-xxx-xxx.gz.apigw.tencentcs.com/release/";
```

注意 如果想在本地开发调试前端项目，可以在后端部署成功后，创建 frontend/public/env.js 文件，将 apiUrl 配置成部署成功的 API 网关域名。

根据此文件修改 frontend/src/utils/request.js 文件，如代码清单 11-22 所示。

代码清单 11-22　修改 frontend/src/utils/request.js 文件

```js
import axios from "axios";
import { MessageBox, Message } from "element-ui";
import store from "@/store";
import { getToken } from "@/utils/auth";

// 创建 Axios 实例
const service = axios.create({
    // 这里设置为 env.js 中的变量 window.env.apiUrl
    baseURL: window.env.apiUrl || "/", // url = base url + request url
    timeout: 5000, // request timeout
});

// Ajax 请求注入鉴权 token
service.interceptors.request.use(
    (config) => {
        // 添加鉴权 token
        if (store.getters.token) {
            config.headers["Authorization"] = 'Bearer ${getToken()}';
        }
        return config;
    },
    (error) => {
        console.log(error); // for debug
        return Promise.reject(error);
    }
);

// 通过 Axios 响应拦截器，注入需要统一处理响应的通用代码
service.interceptors.response.use(
    (response) => {
        const res = response.data;

        // 只有请求 code 为 0，才是正常返回，否则需要提示接口错误
        if (res.code !== 0) {
            Message({
                message: res.message || "Error",
                type: "error",
```

```
                    duration: 5 * 1000,
            });

            if (res.code === 50008 || res.code === 50012 || res.code === 50014) {
                // 重新登录
                MessageBox.confirm(
                    "You have been logged out, you can cancel to stay on this
                        page, or log in again",
                    "Confirm logout",
                    {
                        confirmButtonText: "Re-Login",
                        cancelButtonText: "Cancel",
                        type: "warning",
                    }
                ).then(() => {
                    store.dispatch("user/resetToken").then(() => {
                        location.reload();
                    });
                });
            }
            return Promise.reject(new Error(res.message || "Error"));
        } else {
            return res;
        }
    },
    (error) => {
        console.log("err" + error);
        Message({
            message: error.message,
            type: "error",
            duration: 5 * 1000,
        });
        return Promise.reject(error);
    }
);

export default service;
```

request.js 工具函数主要做两部分工作：

❑ 将 axios 请求的 baseUrl 设置为 env.js 中的变量 window.env.apiUrl，也就是后端接
  口 url；

❑ 自动给每次请求添加鉴权 token。

11.8.4　修改 UI 界面

关于 UI 界面，涉及 Vue.js 的基础知识，本文不做具体说明。如果不会使用 Vue.js，建议先复制示例代码。如果对 Vue.js 感兴趣，可以到 Vue.js 官网（https://cn.vuejs.org/）进行学习。当然也可以阅读我写的 Vue.js 从入门到精通系列文章（https://yugasun.github.io/You-May-Not-Know-Vuejs），如果对您有帮助，可以送上您宝贵的 Star。

如果不想自己从头写代码，可以复制 serverless-admin-system 源码（https://github.com/yugasun/serverless-admin-system）中的 frontend/router 和 frontend/views 两个文件夹。

11.9　前端部署

前端编译后都是些静态文件，我们只需要将静态文件上传到腾讯云的 COS（对象存储）服务中，然后开启 COS 的静态网站功能就可以访问页面了，这些都不需要你手动操作，直接使用腾讯云官方提供的 website（https://github.com/serverless-components/tencent-website）就可以轻松搞定。

11.9.1　创建 serverless.yml 配置文件

在 frontend 项目目录下创建 serverless.yml 文件，配置如代码清单 11-23 所示。

代码清单 11-23　创建 serverless.yml 文件

```
org: slsplus
app: admin-system
stage: dev

component: website
name: admin-system-frontend

inputs:
    src:
        src: ./
        dist: ./dist
        hook: npm run build
```

```
        envPath: ./
        index: index.html
        error: index.html
    env:
        # 后端接口服务部署成功后，获取接口 API 域名
        apiUrl: ${output:${stage}:${app}:admin-system-backend.apigw.url}
protocol: https
bucketName: ${app}
region: ap-guangzhou
hosts:
    - host: sls-admin.yugasun.com
        async: true
        area: mainland
        autoRefresh: true
        onlyRefresh: false
        https:
            switch: on
            http2: on
            certInfo:
                # 域名证书托管腾讯云 id
                certId: abcdef
        forceRedirect:
            switch: on
            redirectType: https
            redirectStatusCode: 301
```

11.9.2 执行部署

执行如下部署命令。

```
$ serverless deploy --all
```

部署成功后控制台输出如代码清单 11-24 所示的内容。

代码清单 11-24　部署成功后控制台输出内容

```
$ serverless deploy --all

serverless ⚡framework

admin-system-backend:
    region:          ap-guangzhou
    apigw:
        serviceId:   service-xxx
```

```
    subDomain:      service-xxx-xxx.gz.apigw.tencentcs.com
    environment:  release
    url:             https://service-xxx-xxx.gz.apigw.tencentcs.com/release/
scf:
    functionName: egg_component_jgrpsmg
    runtime:       Nodejs10.15
    namespace:     default
    lastVersion:   $LATEST
    traffic:       1

admin-system-frontend:
    region:        ap-guangzhou
    website:       https://admin-system-xxx.cos-website.ap-guangzhou.myqcloud.
        com
    cdnDomains:
        -
            domain:      https://sls-admin.yugasun.com
            cname:       sls-admin.yugasun.com.cdn.dnsv1.com
            refreshUrls: (max depth reached)

21s › admin-system › Success
```

这里在 frontend 中新增了 hosts 相关配置，其实就是我们的 CDN 域名，用于给部署
到 COS 的前端静态资源 CDN 加速。

有关 CDN 相关配置的说明可以阅读 "基于 Serverless Component 的全栈解决方案"
（https://yugasun.com/post/serverless-fullstack-vue-practice-pro.html）。当然，如果你不想
配置 CDN，也可以将其删除，然后直接访问 COS 生成的静态网站 URL。

部署成功后，我们就可以访问 https://sls-admin.yugasun.com 了。

11.10　部署优化

现在我们可以按照自己的开发需求修改全栈应用，但是细心的读者可能会发现，每
次部署后端应用时，都需要全量上传所有代码，包括庞大的 node_modules 文件夹。然而
在实际开发中，项目依赖的 npm 模块是很少改变的，如果每次部署都将它重新上传到云
端，会大大影响代码上传速度，从而影响部署时间。

实际上，腾讯云也提供了层（https://cloud.tencent.com/document/product/583/40159）的功能，可以方便地托管改变少和公共的依赖模块。可以将后端服务的 node_modules 单独部署到层，然后跟后端云函数绑定。这样每次执行后端云函数部署时，只需要上传体积较小的业务代码，而当项目依赖模块发生改变时，再重新发布一个层版本绑定到后端云函数即可。

11.10.1 改造后端 YML 配置

首先，我们需要修改后端的 serverless.yml 配置，忽略 node_modules 文件夹上传，这里只需要在 backend/serverless.yml 中新增一条 exclude 记录，如代码清单 11-25 所示。

代码清单 11-25 在 backend/serverless.yml 中新增一条 exclude 记录

```
# …
inputs:
    region: ap-guangzhou
    src:
        src: ./
        exclude:
            - '.git/**'
            - 'docs/**'
            - 'test/**'
            # 忽略 node_modules 文件夹上传
            - 'node_modules/**'
```

11.10.2 新增层配置

Serverless Framework 社区提供了层组件（https://github.com/serverless-components/tencent-layer），方便开发者快速部署层。我们先在 backend 文件夹中创建 layer 文件夹，然后新增 backend/layer/serverless.yml 配置如代码清单 11-26 所示。

代码清单 11-26 创建 layer 文件夹

```
slsplus
app: admin-system
stage: dev
```

```
component: layer
name: admin-system-backend-layer

inputs:
    region: ap-guangzhou
    name: ${name}
    src:
        src: ../node_modules
        targetDir: node_modules
    runtimes:
        - Nodejs10.15
        - Nodejs12.16
```

11.10.3　部署层

接下来，执行部署层命令，如代码清单 11-27 所示。

代码清单 11-27　执行部署命令

```
$ serverless deploy —target=./backend/layer
serverless ⚡framework
Action: "deploy" - Stage: "dev" - App: "admin-system" - Instance: "admin-
    system-backend-layer"

region:      ap-guangzhou
name:        admin-system-backend-layer
bucket:      sls-layer-ap-guangzhou-code
object:      admin-system-backend-layer-1600581788.zip
description: Layer created by serverless component
runtimes:
    - Nodejs10.15
    - Nodejs12.16
version:     6

Full details: https://serverless.cloud.tencent.com/apps/admin-system/admin-
    system-backend-layer/dev

55s  › admin-system-backend-layer › Success
```

层是部署成功了，如何跟后端云函数关联呢？只需要在 backend/serverless.yml 配置文件中新增 layers 配置，如代码清单 11-28 所示。

代码清单 11-28　新增 layers 配置

```
org: slsplus
app: admin-system
stage: dev

component: egg
name: admin-system-backend
inputs:
    region: ap-guangzhou
    # 省略
    layers:
        - name: ${output:${stage}:${app}:${name}-layer.name}
            version: ${output:${stage}:${app}:${name}-layer.version}
    # 省略
```

修改好后端 Serverless 配置后再重新部署。

11.10.4　管理系统项目模板

本例涉及所有源码均在 GitHub 开源项目 serverless-admin-system（https://github.com/serverless-plus/serverless-admin-system）中，可以直接通过 Git 命令复制到本地。

```
$ git clone https://github.com/serverless-plus/serverless-admin-system
```

也可以通过如下 Serverless CLI 命令进行初始化。

```
$ sls init admin-system
```

将源码复制到本地后，项目目录结构如图 11-6 所示。

可以看到，其中包含数据库、VPC、前端和后端等多个子模块，说明如下。

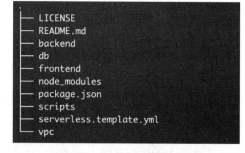

图 11-6　管理系统目录结构

❏ db：用于创建 PG Serverless 数据库实例。

❏ vpc：用于创建私有网络，主要创建 Serverless PG。

❑ frontend：基于 Vue.js 的前端单页面应用。

❑ backend：基于 Egg.js 的后端服务云函数。

11.11　本章小结

本章涉及内容较多，推荐在阅读时边看边开发，跟着文章节奏一步一步实现。如果遇到问题，可以参考本文源码进行处理。如果一切顺利，可以到官网进一步熟悉 Egg.js 框架，以便今后实现更加复杂的应用。本章使用的是 Vue.js 前端框架，读者可以将 frontend 更换为任何前端框架项目，开发时只需要将接口请求前缀使用 website 组件生成 env.js 文件。

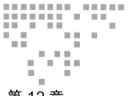

Chapter 12 第 12 章

Serverless 和前端的天作之合：
服务端渲染 SSR

随着前端 React、Vue 和 Angular 框架的出现，前端页面的开发效率提高了很多，很多传统的服务端模板渲染应用也逐渐进化成了 SPA（Single Page Application，单页面应用），但是慢慢地，人们发现 SPA 应用不利于 SEO，而且 SPA 应用需要等待加载完前端 JS 文件才能开始渲染，因此延长了首屏渲染时间，但是此时后端已经不再接管页面渲染工作了。为了解决此类问题，前端团队不得不寻求出路，开始借助 Node.js 实现服务端渲染。然而服务端渲染并没有那么简单，还是会面临服务端的各种问题，比如服务器渲染压力、服务器扩缩容等。对于这些是很多前端工程师不太擅长的领域，Serverless 技术天然弥补了 SSR 架构的缺失。本章将带领读者领略 Serverless 与 SSR 的完美结合。

12.1 SSR 与 Serverless

SSR（Server-Side Render, 服务端渲染）的原理很简单，就是服务端直接渲染出 HTML 字符串模板，浏览器可以直接解析该字符串模板显示页面，因此首屏内容不再依赖 JavaScript 的渲染（CSR- 客户端渲染）。

1. SSR 的核心优势

❏ 首屏加载时间：因为是 HTML 直出，所以浏览器可以直接解析该字符串模板显示页面。

❏ SEO 友好：正是因为服务端渲染输出到浏览器的是完备的 HTML 字符串，使得搜索引擎能抓取到真实的内容，利于 SEO。

2. SSR 需要注意的问题

❏ 虽然 SSR 能快速呈现页面内容，但是在 UI 框架（比如 React）加载成功之前，页面是无法进行 UI 交互的。

❏ TTFB（Time To First Byte），即第一字节时间会变长，因为 SSR 相比于 CSR，需要在服务端渲染出更多的 HTML 片段，所以加载时间会变长。

❏ 更多的服务器端负载。SSR 需要依赖 Node.js 服务渲染页面，显然会比仅仅提供静态文件的 CSR 应用占用更多的服务器 CPU 资源。以 React 为例，它的 renderToString() 方法是同步 CPU 绑定调用，这意味着在 renderToString() 方法完成之前，服务器是无法处理其他请求的。因此在高并发场景中需要准备相应的服务器负载，并做好缓存策略。

我们先回顾下 Serverless 的定义。在第 1 章，我们已经知道 Serverless 是云计算发展过程中出现的一种计算资源的抽象。依赖第三方服务，开发者可以更加专注地开发业务代码，无须关心底层资源的分配、扩容和部署。

Serverless 的核心特点如下。

❏ 开发者只需要专注于业务，无须关心底层资源的分配、扩容和部署。
❏ 按需使用和收费。
❏ 自动扩缩容。

结合 Serverless 和 SSR 的特点，我们可以发现它们简直是天作之合。借助

Serverless，前端团队无须关注 SSR 服务器的部署、运维和扩容，极大地减少部署运维成本，可以更好地聚焦业务开发，提高开发效率，同时也无须关心 SSR 服务器的性能问题。理论上，Serverless 是可以无限扩容的（当然云厂商对于一般用户是有扩容上限的）。

12.2　快速将 SSR 应用 Serverless 化

既然 Serverless 对于 SSR 来说有天然的优势，那么我们如何将 SSR 应用迁移到 Serverless 架构上呢？下面以 Next.js 框架为例，带领大家快速部署一个 Serverless SSR 应用。

借助 Serverless Framework 的 Nextjs 组件（https://github.com/serverless-components/tencent-nextjs），可以将传统 Next.js 应用无缝迁移到腾讯云的云函数上。

1. 初始化 Next.js 项目

Next.js 官方提供了 creat-next-app 工具帮助开发者快速初始化示例项目。

```
$ npm init next-app serverless-next
$ cd serverless-next
```

2. 配置 serverless.yml

在使用 Serverless Framework 之前，我们需要全局安装 Serverless CLI 工具，命令如下。

```
$ npm install serverless -g
```

配置 serverless.yml 内容，如代码清单 12-1 所示。

代码清单 12-1　配置 serverless.yml

```
component: nextjs
name: nextjsDemo
```

```
inputs:
    src:
        src: ./
        exclude:
            - .env
    region: ap-guangzhou
```

上面配置使用 Nextjs 组件，将项目部署到 ap-guangzou，也就是广州地区。

3. 部署项目

部署时需要进行身份验证，如果你的账号未登录或注册腾讯云，可以使用微信扫描命令行中的二维码进行授权登录和注册。当然也可以直接在项目下面创建 env 文件，配置腾讯云的 SecretId 和 SecretKey 代码如下。

```
TENCENT_SECRET_ID=123
TENCENT_SECRET_KEY=123
```

执行部署命令（当然也可以加上 --debug 参数查看部署的实时日志）如下。

```
$ serverless deploy
```

> 注
> 意　之后会将 Serverless 命令简写为 sls。

部署成功后，直接访问 API 网关生成的域名，类似 https://service-xxx-xxx.gz.apigw. tencentcs.com/release/ 这种链接。

Next.js 组件默认创建一个云函数和 API 网关，并且将它们关联，实际上我们访问的是 API 网关。触发云函数，获得请求返回结果，流程如图 12-1 所示。

图 12-1　Serverless　SSR 请求流程图

相信你已经体会到了 Serverless Components 解决方案的便利，它确实可以帮助我们高效部署应用到云端。而且这里使用的 Next.js 组件针对代码上传也做了很多优化工作，保证了部署效率。

接下来我们基于 Next.js 组件进一步优化部署体验。

> **注意** 由于一个简单的 Next.js 应用除了业务代码，还包括庞大的 node_modules 文件夹，这就导致在执行部署命令时，打包压缩的代码体积足有 20MB，所以大部分时间都消耗在代码上传上。这里的上传速度也和开发环境的网络质量有关，而实际上我们云端部署是很快的，后面会介绍如何提高部署速度。

4. 迁移 Next.js 项目

不需要任何改造，通过 Serverless CLI 就可以部署一个全新的 Next.js 项目。那么如何改造现有项目，才能实现 Serverless 化呢？

如果你的项目是基于 Express.js 的自定义服务，那么需要在项目根目录新建 sls.js 入口文件，将原来启动 Node.js Server 的入口文件复制到 sls.js 中，然后进行少量改造，默认入口 sls.js 文件内容如代码清单 12-2 所示。

代码清单 12-2　sls.js 文件内容

```
const express = require('express');
const next = require('next');

// 将原来的服务逻辑放入异步函数 createServer() 中
async function createServer() {
    const app = next({ dev: false });
    const handle = app.getRequestHandler();

    // 根据项目需求修改内容
    await app.prepare();
    const server = express();

    server.all('*', (req, res) => {
        return handle(req, res);
```

```
    });

    // 定义返回二进制文件类型
    // 因为 Next.js 框架默认开启 gzip，所以这里需要配合设为 ['*/*']
    // 如果项目关闭了 gzip 压缩，那么对于图片类文件，需要定制化配置，比如 ['image/jpeg',
'image/png']
    server.binaryTypes = ['*/*'];

    return server;
}

// 将 createServer() 方法赋值给 module.exports 对象
module.exports = createServer;
```

添加入口文件后，重新执行部署命令 sls deploy 就可以将现有项目部署到腾讯云 Serverless 服务上了。

5. 自定义 API 网关域名

使用过 API 网关的读者应该都知道它可以配置自定义域名，如图 12-2 所示。

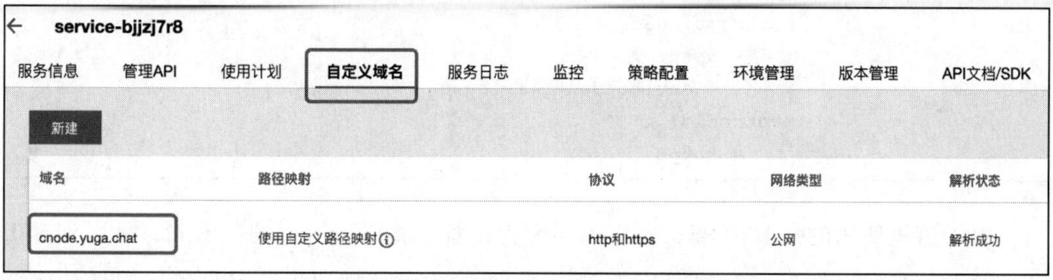

图 12-2　控制台配置自定义域名

但是手动配置还是不够方便，为此，Next.js 组件提供了 customDomains 帮助开发者快速配置自定义域名。我们可以在项目的 serverless.yml 文件中新增配置，如代码清单 12-3 所示。

代码清单 12-3　在项目的 serverless.yml 文件中新增配置

```
org: orgDemo
app: appDemo
```

```
stage: dev
component: nextjs
name: nextjsDemo

inputs:
    src:
        dist: ./
        hook: npm run build
        exclude:
            - .env
    region: ap-guangzhou
    runtime: Nodejs10.15
    apigatewayConf:
        protocols:
            - https
        environment: release
        enableCORS: true
        # 自定义域名相关配置
        customDomains:
            - domain: test.yuga.chat
                certificateId: abcdefg # 证书 ID
                isDefaultMapping: false
                # 这里将 API 网关的 release 环境映射到根路径
                pathMappingSet:
                    - path: /
                        environment: release
                protocols:
                    - https
```

由于这里使用的是 HTTPS，所以需要配置托管在腾讯云服务的证书 id，可以到 SSL 证书控制台（https://console.cloud.tencent.com/ssl）查看。腾讯云已经提供了申请免费证书的功能，读者也可以上传自己的证书进行托管。

之后我们再次执行部署命令，会得到如图 12-3 所示的输出结果。

由于自定义域名时通过 CNAME 映射到 API 网关服务，所以还需要手动添加输出结果中的 cname 解析记录。等待自定义域名解析成功，就可以正常访问了。

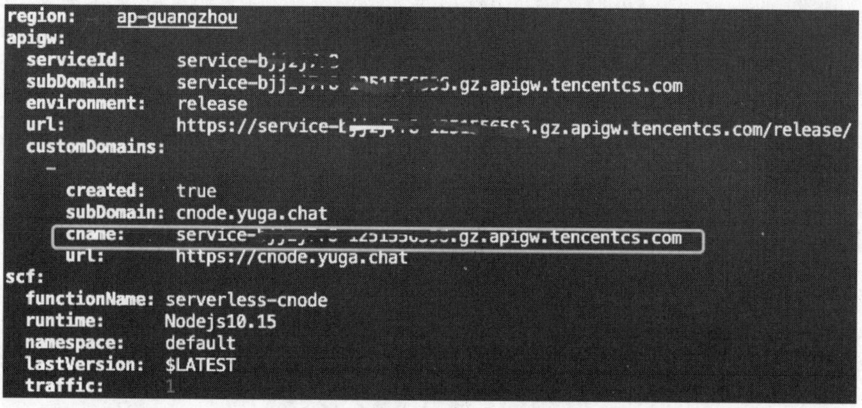

图 12-3　终端自定义域名输出

12.3　性能分析

虽然依赖 Serverless 组件，我们可以快速部署 SSR 应用，但是对于开发者而言，性能才是最重要的。那么 Serverless 方案的性能表现如何呢？

为了和传统的 SSR 服务做对比，我专门找了一台 CVM（腾讯云服务器），部署相同的 Next.js 应用，分别进行压测和性能分析。

1. 压测配置

本次压测使用的是腾讯 WeTest(https://wetest.qq.com/)，测试结果如图 12-4 所示。

起始人数	每阶段增加人数	每阶段持续时间(s)	最大人数	发包间隔时间(ms)	超时时间(ms)
5	5	30	100	0	10000

图 12-4　压测配置

2. 页面访问性能对比

页面访问均使用 Chrome 浏览器，参数如图 12-5 所示。

方案	配置	TTFB	FCP	TTI
腾讯云 CVM	2 核、4GB 内存、10M 带宽	50.12ms	2.0s	2.1s
腾讯云 Serverless	128MB 内存	69.88ms	2.0s	2.2s

图 12-5　页面访问参数

3. 压测性能对比

压测性能对比如图 12-6 ～图 12-8 所示。

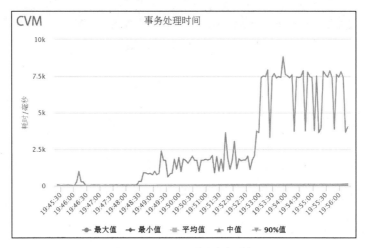

图 12-6　CVM 压测响应时间

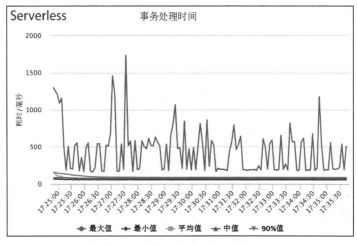

图 12-7　Serverless 压测响应时间

方案	配置	最大响应时间	P95 耗时	P50 耗时	平均响应时间
腾讯云 CVM	2核、4GB 内存、10M 带宽	8830ms	298ms	35ms	71.05 ms
腾讯云 Serverless	128MB 内存	1733ms	103ms	73ms	76.78 ms

图 12-8　压测响应时间对比

压测 TPS 对比如图 12-9 ～图 12-11 所示。

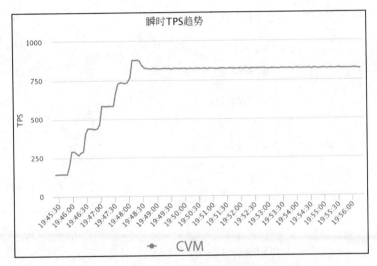

图 12-9　CVM 压测 TPS

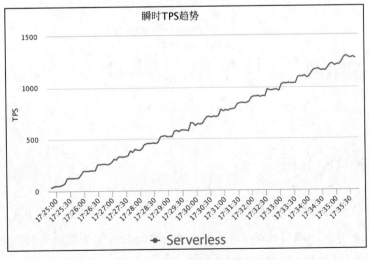

图 12-10　Serverless 压测 TPS

方案	配置	平均 TPS
腾讯云 CVM	2 核、4GB 内存、10M带宽	727.09 /s
腾讯云 Serverless	128MB 内存	675.59 /s

图 12-11　压测 TPS 对比

4. 价格预算对比

图 12-12 所示是腾讯云官方购买价格。

图 12-12　价格对比

12.4　方案对比分析

从单用户访问页面性能的表现来看，Serverless 方案略逊于服务器方案，但是页面性能是可以优化的。从压测对比结果来看，虽然 Serverless 的平均响应时间略大于 CVM，但是最大响应时间和 P95 耗时均优于 CVM，CVM 的最大响应时间甚至接近 Serverless

的 3 倍。而且当并发量逐渐增大时，CVM 的响应时间的变化会更加明显，而且越来越久，而 Serverless 则表现平稳，除了极个别的冷启动，基本能在 200ms 以内响应。

由此可以看出，随着并发量的增加，SSR 会导致服务器负荷越来越大，进一步加大服务器的响应时间；而 Serverless 因为具有自动扩缩的能力，所以相对平稳。

当然，由于测试条件有限，可能有考虑不全面的地方，但是从压测图形来看，是完全符合理论预期的。

从价格对比来看，相近配置的 Serverless 方案花费非常少，甚至很多时候，免费额度就已经可以满足需求了，这里为了增加 Serverless 费用，故意调大了调用次数和内存大小，但是即便如此，服务器方案的价格还是接近 Serverless 方案的 10 倍。

12.5　Serverless 部署方案的优化

至此，我们已经成功将整个 Next.js 应用迁移到腾讯云 Serverless 架构上了，但是这里有个问题：所有的静态资源都部署到 SCF 中，导致每次页面请求的同时，会产生很多静态源请求。对于 SCF 来说，同一时间并发量会比较高，而且很容易造成冷启动。此外，大量静态资源通过 SCF 输出，然后经过 API 网关返回，会额外增加链路长度，也会导致静态资源加载慢，无形中拖累网页的加载速度。

云厂商一般会提供云对象存储功能，腾讯云 COS（对象存储）在存储静态资源方面有天然的优势，而且官方赠送了 50GB 免费容量。

在部署项目时，将静态资源统一上传到 COS，静态页面通过 SCF 渲染，既支持了 SSR，也解决了静态资源访问的问题。而且 COS 也支持 CDN 加速，这样优化静态资源就更加方便了。

那么我们如何将静态资源上传到 COS 呢？

12.5.1 通过 COS 托管静态资源

Next.js 应用有如下两种静态资源。

❑ 应用中通过资源引入的方式使用，经过 Webpack 打包处理输出到 .next/static 目录，文件目录样式如 .next/static/css。

❑ 开发者也可以直接将静态资源放到项目根目录的 public 文件夹内，通过静态文件服务托管静态资源，在项目中可以直接通过 URL 的方式引用这些静态资源（官方介绍：https://nextjs.org/docs/basic-features/static-file-serving）。

第一种的资源很好处理：Next.js 框架支持在 next.config.js 中配置 assetPrefix，帮助我们在构建项目时，将提供静态资源托管服务的访问 URL 添加到静态资源引入前缀中，如代码清单 12-4 所示。

代码清单 12-4 在 next.config.js 中配置 assetPrefix

```
// next.config.js
const isProd = process.env.NODE_ENV === "production";
const STATIC_URL =
    "https://serverless-nextjs-xxx.cos.ap-guangzhou.myqcloud.com";
module.exports = {
    assetPrefix: isProd ? STATIC_URL : "",
};
```

上面配置中的 STATIC_URL 就是静态资源托管服务提供的访问 URL，示例中是腾讯云对应的 COS 访问 URL。那么针对第二种资源我们该如何处理呢？这就需要对业务代码进行改造了。

首先，在 next.config.js 中添加 env.STATIC_URL 环境变量，如代码清单 12-5 所示。

代码清单 12-5 添加 env.STATIC_URL 环境变量

```
// next.config.js
const isProd = process.env.NODE_ENV === "production";
const STATIC_URL =
    "https://serverless-nextjs-xxx.cos.ap-guangzhou.myqcloud.com";
module.exports = {
    env: {
        // 3000 为本地开发时的端口，这里是为了本地开发时，也可以正常运行 npm run dev 命令
```

```
    STATIC_URL: isProd ? STATIC_URL : "http://localhost:3000",
},
    assetPrefix: isProd ? STATIC_URL : "",
};
```

然后，在项目中修改引入 public 中静态资源的路径，如代码清单 12-6 所示。

代码清单 12-6　在项目中修改引入 public 中静态资源的路径

```html
<!-- 改造前 -->
<head>
    <title>Create Next App</title>
    <link rel="icon" href="/favicon.ico" />
</head>

<!-- 改造后 -->
<head>
    <title>Create Next App</title>
    <link rel="icon" href={'${process.env.STATIC_URL}/favicon.ico'} />
</head>
```

最后，在 serverless.yml 中新增静态资源相关配置 staticConf，如代码清单 12-7 所示。

代码清单 12-7　新增静态资源相关配置 staticConf

```yaml
org: orgDemo
app: appDemo
stage: dev
component: nextjs
name: nextjsDemo

inputs:
    src:
        dist: ./
        hook: npm run build
        exclude:
            - .env
    region: ap-guangzhou
    runtime: Nodejs10.15
    apigatewayConf:
        # 此处省略
    # 静态资源相关配置
    staticConf:
        cosConf:
            # 这里是创建的 COS 桶名称
            bucket: serverless-nextjs
```

通过配置 staticConf.cosConf 指定 COS 桶，在执行部署时，默认自动将编译生成的 .next 和 public 文件夹的静态资源上传到指定的 COS 桶。

修改好配置后，再次执行 sls deploy 命令进行部署，如代码清单 12-8 所示。

代码清单 12-8　执行 sls deploy 命令进行部署

```
$ serverless deploy

serverless ⚡framework
Action: "deploy" - Stage: "dev" - App: "appDemo" - Instance: "nextjsDemo"

region:     ap-guangzhou
# 此处省略
staticConf:
    cos:
        region:     ap-guangzhou
        cosOrigin: serverless-nextjs-xxx.cos.ap-guangzhou.myqcloud.com
        bucket:     serverless-nextjs-xxx
```

浏览器访问部署的 API 网关生成的域名（https://service-xxx-xxx.gz.apigw.tencentcs.com/release/），打开调试控制台，可以看到访问的静态资源请求路径如图 12-13 所示。

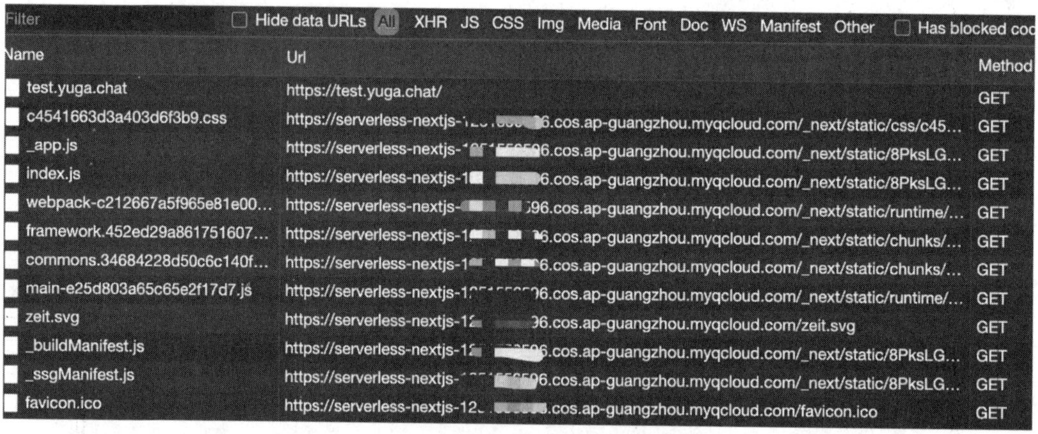

图 12-13　基于 COS 部署的静态资源链接

由图 12-13 可以看出，静态资源均通过访问 COS 获取，现在云函数只需要渲染入口文件，不需要像之前那样，全部静态资源都通过云函数返回。

> 📖 **注意** 之前由于都是将 Next.js 框架编译生成的 .next 目录部署到云函数，在访问页面时，页面中的静态资源（如图片、样式文件）都需要通过再次访问云函数获取。于是看似我们请求了一次云函数，实际上云函数的单位时间并发数是根据页面静态资源请求数而增加的，造成了冷启动的问题。

12.5.2　静态资源配置 CDN

上面我们已经将静态资源都部署到 COS 了，页面访问速度也快了很多。但是对于生产环境，还需要给静态资源配置 CDN。通过 COS 控制台已经可以很方便地配置 CDN 加速域名了，但是还是需要进行手动配置，依然不够便捷。而 Next.js 组件正好提供了给静态资源配置 CDN 的能力，只需要在 serverless.yml 中新增 staticConf.cdnConf 配置即可，如代码清单 12-9 所示。

代码清单 12-9　在 serverless.yml 中新增 staticConf.cdnConf 配置

```
# 此处省略
inputs:
    # 此处省略
    # 静态资源相关配置
    staticConf:
        cosConf:
            # COS 桶名称（如果没有创建，Next.js 组件会自动帮用户创建）
            bucket: serverless-nextjs
        cdnConf:
            domain: static.test.yuga.chat
            https:
                certId: abcdefg
```

这里使用 HTTPS，添加了 certId 证书 id 配置。此外，静态资源域名也需要修改为 CDN 域名，修改 next.config.js 内容，如代码清单 12-10 所示。

代码清单 12-10　修改 next.config.js 内容

```
const isProd = process.env.NODE_ENV === "production";
const STATIC_URL = "https://static.test.yuga.chat";
module.exports = {
    env: {
```

```
        STATIC_URL: isProd ? STATIC_URL : "http://localhost:3000",
    },
    assetPrefix: isProd ? STATIC_URL : "",
};
```

配置好静态资源后，再次执行部署命令，结果如代码清单 12-11 所示。

代码清单 12-11　再次部署

```
$ serverless deploy

serverless ⚡framework
Action: "deploy" - Stage: "dev" - App: "appDemo" - Instance: "nextjsDemo"

region:      ap-guangzhou
apigw:
    # 省略
scf:
    # 省略
staticConf:
    cos:
        region:    ap-guangzhou
        cosOrigin: serverless-nextjs-xxx.cos.ap-guangzhou.myqcloud.com
        bucket:    serverless-nextjs-xxx
    cdn:
        domain: static.test.yuga.chat
        url:    https://static.test.yuga.chat
```

> 注意　这里虽然添加了 CDN 域名，但是还是需要手动配置 CNAME static.test.yuga.chat. cdn.dnsv1.com 解析记录。

静态资源优化后的 Serverless SSR 应用请求流程如图 12-14 所示。

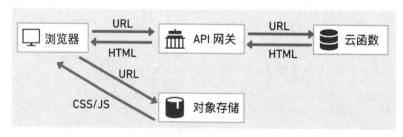

图 12-14　Serverless SSR 请求流程图

12.5.3　静态资源优化前后对比

至此，Serverless Next.js 应用体验已经优化了很多，我们可以使用 Lighthouse 进行性能测试，验证一下我们的收获。测试结果如图 12-15、图 12-16 所示。

● First Contentful Paint	2.0 s	● Time to Interactive	2.1 s
■ Speed Index	5.1 s	● Total Blocking Time	10 ms
● Largest Contentful Paint	2.1 s	● Cumulative Layout Shift	0

图 12-15　静态资源优化前

● First Contentful Paint	1.6 s	● Time to Interactive	1.9 s
● Speed Index	2.7 s	● Total Blocking Time	10 ms
● Largest Contentful Paint	1.6 s	● Cumulative Layout Shift	0

图 12-16　静态资源优化后

通过前后对比，可以明显看出优化效果，当然这里主要是针对静态资源进行优化，减少了冷启动。为了更好地游湖体验，我们还可以做更多优化，这里就不展开讨论了。

12.5.4　基于层部署 node_modules

随着我们的业务变得复杂，项目体积越来越大，node_modules 文件夹也会变得原来越大，而现在每次部署都需要将 node_modules 打包压缩，然后上传，跟业务代码一起部署到云函数。在实际开发中，node_modules 大部分时候是不怎么变化的，但是每次部署都需要上传，这肯定会浪费很多部署时间，尤其在网络状态不好的情况下，代码上传就更慢了。既然 node_modules 文件夹是不怎么变更的，那么我们能不能只在它变化时才上传更新呢？

借助层的能力是可以实现上述需求的。我们可以将项目依赖放在层中，无须部署到云函数代码中。函数在执行前，会先加载层中的文件到 /opt 目录下（云函数代码会挂载

到 /var/user/ 目录下），同时会将 /opt 和 /opt/node_modules 添加到环境变量 NODE_PATH
中，这样即使云函数中没有 node_modules 文件夹，也可以通过 require('abc') 方式引入该
模块。

本案例依然基于层组件（https://github.com/serverless-components/tencent-layer）实
现。使用时只需要在项目下添加 layer 文件夹，并且创建 layer/serverless.yml 配置，如代
码清单 12-12 所示。

代码清单 12-12　创建 layer/serverless.yml 配置

```
org: orgDemo
app: appDemo
stage: dev
component: layer
name: nextjsDemo-layer

inputs:
    region: ap-guangzhou
    name: ${name}
    src: ../node_modules
    runtimes:
        - Nodejs10.15
        - Nodejs12.16
```

配置说明如下。

❏ region：地区，需要跟云函数保持一致。

❏ name：层的名称，用于云函数绑定指定的层。

❏ src：指定需要上传部署到层的目录。

❏ runtimes：支持的云函数运行环境。

执行部署 Layer 命令，终端输出结果如代码清单 12-13 所示。

代码清单 12-13　终端输出结果

```
$ serverless deploy --target=./layer

serverless ⚡framework
Action: "deploy" - Stage: "dev" - App: "appDemo" - Instance: "nextjsDemo-layer"
```

```
region:        ap-guangzhou
name:          nextjsDemo-layer
bucket:        sls-layer-ap-guangzhou-code
object:        nextjsDemo-layer-1594356915.zip
description: Layer created by serverless component
runtimes:
    - Nodejs10.15
    - Nodejs12.16
version:       1
```

从输出结果可以清晰地看到层组件已经自动创建了一个名为 nextjsDemo-layer、版本为 1 的 Layer。如何自动将创建好的层和 Next.js 云函数绑定呢？

参考 serverless components outputs 说明文档（https://github.com/serverless/components#outputs），我们可以引用一个基于 Serverless Component 部署成功的实例的 outputs（这里就是控制台输出对象内容），语法如下。

```
# Syntax
${output:[stage]:[app]:[instance].[output]}
```

我们只需要在项目根目录的 serverless.yml 文件中添加层配置（layers 参数），如代码清单 12-14 所示。

代码清单 12-14　添加层配置

```
org: orgDemo
app: appDemo
stage: dev
component: nextjs
name: nextjsDemo

inputs:
    src:
        dist: ./
        hook: npm run build
        exclude:
            - .env
            - "node_modules/**"
    region: ap-guangzhou
    runtime: Nodejs10.15
    layers:
        - name: ${output:${stage}:${app}:${name}-layer.name}
```

```
            version: ${output:${stage}:${app}:${name}-layer.version}
 #  静态资源相关配置
 #  此处省略
```

注意 我们在使用不同组件部署实例结果时，需要保证配置文件 serverless.yml 中 org、app、stage 三个配置是一致的。

由于 node_modules 已经通过层部署，所以还需要在部署项目业务代码时，忽略 node_modules 文件夹。再次执行部署命令 sls deploy，你会发现部署时间大大缩减了，这是因为我们不再需要每次压缩上传 node_moduels 这个庞大的文件夹了。

基于以上方案，我们部署了一个完整的 Cnode 项目案例 serverless-cnode(https://github.com/serverless-plus/serverless-cnode)，欢迎感兴趣的读者提交宝贵的 ISSUE/PR。

12.6 本章小结

写到这里，作为一名前端开发者，我的内心是无比激动的。记得以前在项目中为了优化首屏时间和 SEO，要做好几个方案的对比，但是最终因为公司运维团队不够配合，还是放弃了 SSR，选择了前端可掌控的预渲染方案。现在有了 Serverless，前端终于不用受运维的限制了，可以基于 Serverless 大胆尝试 SSR。而且借助 Serverless，前端还可以做得更多。

当然真正的 SSR 并不止如此，要达到页面极致体验我们还需要做很多工作。

❑ 静态资源部署到 CDN。
❑ 页面缓存。
❑ 降级处理。

但是无论是部署到服务器还是 Serverless，都是我们需要做的工作，并不会成为我们将 SSR 部署到 Serverless 的障碍。

基于 Serverless 的短链接服务

本章将手把手带你实现一个 Serverless 短链接服务。之所以介绍这个案例，是因为短链接服务大部分时候是闲置的，只有当用户访问短链接时，才会将短链接重定向到目标链接，而且这种重定向服务是短暂的，大部分时候是一次性的，非常符合 Serverless 按需使用的特点，因此短链接服务非常适合基于 Serverless 部署，也可以帮助我们节约不少成本，对于流量较小的服务，基本是免费的。

13.1 什么是短链接

短链接服务，从字面上理解就是将一个长的链接转换成一个短的链接，相当于给原 URL 起了一个别名。而且短的链接更加容易记忆、分享和传播，也便于展示。

比如这个一个长链接：https://mp.weixin.qq.com/s/7CsztWZCkcy9acy6TDdd9g?st= 341AF462D0F224C00C02F577C64A60C976E407E626514FB1BCBC9F549ACAAD595 D3F4E99DFEE1D53BD11A5B93771E774DFA55101242832D3C6A4F53C33D07E7838

0D807FE4A80473ED996915F83E7CA44546DF7E919804F110405813C230D880023B12370209E32348F3E4EE98AB3FCB86E00F264FF52CA0C3E949404D53311877C7B1EBFD8814366B162E6D39350B5F，看起来就很长，而且不容易复制给其他人，那么我们就可以通过短链接服务将其转化为 https://u.sls.plus/nhOhy7xK8。这样无论是显示、复制或打印，都能节省很多空间，而且便于输入和记忆，在微信、微博等内容限制的应用或者短信场景，短链接的优势就更加明显了。

13.2　短链接基本原理

实战之前学习理论知识是必不可少的，本节将介绍短链接的基本原理和几种常见的压缩算法。理解了原理后，再用代码实现就会更加清晰明确了。

1. 基本原理

简单来说，我们在浏览器输入短链接 https://u.sls.plus/nhOhy7xK8 后，会经历如下过程。

❑ DNS 首先解析短域名 u.sls.plus，获得 IP 地址。
❑ 访问目标服务器，服务器会根据请求参数 nhOhy7xK8（短码），获取目标地址链接（长链接）。
❑ 服务重定向跳转到对应的长链接。

重定向分为 301（永久重定向）和 302（临时重定向）两种。由于短链接一旦生成就不会发生变化了，一般服务会使用永久重定向码 301，这样可以减少服务器压力。但是本例基于 Serverless，可以自动扩缩容，所以还是选择了临时重定向码 302，以便进行数据访问分析。

2. 常见压缩算法

常见的压缩算法有以下 3 种。

❏ 内容压缩算法：直接对长链接进行压缩处理，例如哈希或者 MD5 算法，它们会基于长链接生成一个 128 位的特征码，然后将特征码截取成 4 到 8 位的短链码。

❏ 发号器算法：为每个长链接分配一个 id 号，对该索引进行加密，并用其作为短码。由于 id 是自增的，所以理论上生成的短链接永远不会重复。

❏ 随机生成算法：随机生成用户指定长度的唯一 id。

以上 3 种压缩算法的优缺点对比如图 13-1 所示。

算法名称	优点	缺点
内容压缩算法	生成简单，不需要建立对应关系就可以支持长链接重复查询	由于 MD5 为有损压缩算法，不可避免会出现重复的问题
发号器算法	避免了短链接重复的问题	自增 id 暴露在外，会有很大的安全风险，造成链接信息泄露；需要建立对应关系才可以支持长链接重复查询
随机生成算法	生成简单，与内容无关	存在极低的重复风险

图 13-1　3 种压缩算法的优缺点对比

本节案例将使用随机生成算法，借助开源的 nanoid 项目提供的 npm 模块，可以非常简单快速地生成一个短 id。

13.3　创建数据库

通常后端服务是离不开数据存储的，短链接服务也不例外，本例将继续使用 Serverless PostgreSQL 作为后端服务的数据库。

13.3.1　表结构

对于简单的短链接服务，我们只需要一张存放短码和长链接映射表，表结构如图 13-2 所示。

这里支持的最大长链接为 1024 位。

Urls	
字段	**类型**
id	INT
code	VARCHAR(16)
longUrl	VARCHAR(1024)
baseUrl	VARCHAR(64)
shortUrl	VARCHAR(128)
created_at	DATETIME
updated_at	DATETIME

图 13-2　数据库表结构

13.3.2　创建 PostgreSQL 数据库

腾讯云针对 Serverless 提供了一个 Serverless PostgreSQL 组件（https://console.cloud.tencent.com/postgres/serverless），我们使用它创建云端数据库。

1. 创建私有网络

在第 11 章中，我们知道使用 PostgreSQL 组件需要配置腾讯云的私有网络，其实开源社区已经提供了自动创建 VPC 服务的组件 tencent-vpc(https://cloud.tencent.com/document/product/1154/43005)，这样我们就不需要手动创建控制台了。

先在项目下创建 vpc 目录，然后在其中创建 vpc/serverless.yml 配置文件，如代码清单 13-1 所示。

代码清单 13-1　创建 vpc/serverless.yml 配置文件

```
org: slsplus
app: admin-system
stage: dev

component: vpc
name: shorten-urls-vpc
```

```
inputs:
    region: ${env:REGION}
    zone: ${env:ZONE}
    vpcName: ${name}
    subnetName: ${name}
```

> 🔍 **注意** 此处的 region 和 zone 配置为 ${env:REGION} 和 ${env:ZONE}，是从 process.
> env 对象上获取的，而 Serverless CLI 在执行时会自动将当前目录下 .env 文件定
> 义的变量注入 process.env，所以我们可以在 .env 文件中定义项目公共的参数配
> 置，然后多个 serverless.yml 文件通过 ${env: 变量名 } 的方式引用。

在 package.json 文件中添加 deploy:vpc 脚本，如代码清单 13-2 所示。

代码清单 13-2　添加 deploy:vpc 脚本

```
{
    "name": "shorten-urls",
    // 省略部分代码
    "scripts": {
        "deploy:vpc": "sls deploy --target=./vpc",
        // 省略部分代码
    },
    // 省略部分代码
}
```

执行命令部署 VPC，如代码清单 13-3 所示。

代码清单 13-3　部署 VPC

```
$ npm run deploy:vpc

> shorten-urls@0.1.0 deploy:vpc /Users/yugasun/Desktop/Develop/@yugasun/
    serverless-plus/shorten-urls
> sls deploy --target=./vpc

serverless ⚡framework
Action: "deploy" - Stage: "dev" - App: "shorten-urls" - Instance: "shorten-
    urls-vpc"

region:     ap-shanghai
zone:       ap-shanghai-2
```

```
vpcId:       vpc-n4khunmw
vpcName:     shorten-urls-vpc
subnetId:    subnet-ptfjvu5b
subnetName: shorten-urls-vpc

Full details: https://serverless.cloud.tencent.com/apps/shorten-urls/shorten-
    urls-vpc/dev

7s › shorten-urls-vpc › Success
```

这样我们成功在上海 2 区创建了一个私有网络。

2. 创建 PostgreSQL

同样在项目目录下创建 db 目录，然后创建 serverless.yml 文件，如代码清单 13-4 所示。

代码清单 13-4　创建 serverless.yml 文件

```
org: slsplus
app: shorten-urls
stage: dev

component: postgresql
name: shorten-urls-db

inputs:
    region: ${env:REGION}
    zone: ${env:ZONE}
    dBInstanceName: ${name}
    vpcConfig:
        vpcId: ${output:${stage}:${app}:${app}-vpc.vpcId}
        subnetId: ${output:${stage}:${app}:${app}-vpc.subnetId}
    extranetAccess: true
```

可以看到，postgresql 组件的 serverless.yml 配置中的 vpcId 参数是通过变量引入的。

```
${output:${stage}:${app}:${app}-vpc.vpcId}
```

实际上这是 Serverless Component 官方规范，可以通过以下语法引用不同组件间的部署参数依赖。

```
${output:[stage]:[app]:[instance].[output]}
```

字段说明如下。

❑ stage：配置中的 stage 字段，用来指定开发阶段，默认为 dev。

❑ app：指定应用名称，这里为 shorten-urls。

❑ instance：组件创建的实例名称，YAML 中定义的 name 字段。

❑ output：组件部署成功输出的对象属性，比如 vpcId。

本章案例的 YAML 配置文件还使用了变脸引用语法，即 ${变量名}。通过此语法，我们可以轻松引用之前定义的属性值，比如 ${app} 引用 serverless.yml 文件中第 2 行定义的 app 属性值 shorten-urls。

接着在 package.json 文件中添加 deploy:db 脚本，如代码清单 13-5 所示。

代码清单 13-5 在 package.json 文件中添加 deploy:db 脚本

```
{
    "name": "shorten-urls",
    // 省略
    "scripts": {
        // 省略
        "deploy:db": "sls deploy --target=./db",
        // 省略
    },
    // 省略
}
```

执行部署数据库，如代码清单 13-6 所示。

代码清单 13-6 执行部署数据库

```
$ npm run deploy:db

> shorten-urls@0.1.0 deploy:db
/Users/yugasun/Desktop/Develop/@yugasun/serverless-plus/shorten-urls
> sls deploy --target=./db


serverless ⚡framework
```

```
Action: "deploy" - Stage: "dev" - App: "shorten-urls" - Instance: "shorten-
    urls-db"

region:          ap-shanghai
zone:            ap-shanghai-2
vpcConfig:
    subnetId: subnet-ptfjvu5b
    vpcId:    vpc-n4khunmw
dBInstanceName: shorten-urls-db
private:
    connectionString: postgresql://tencentdb_xxx:xxx@10.0.0.17:5432/tencentdb_
        xxx
    host:            10.0.0.17
    port:            5432
    user:            tencentdb_xxx
    password:        xxx
    dbname:          tencentdb_xxx
public:
    connectionString: postgresql://tencentdb_xxx:xxx@postgres-xxx.sql.
        tencentcdb.com:53412/tencentdb_xxx
    host:            postgres-xxx.sql.tencentcdb.com
    port:            53412
    user:            tencentdb_xxx
    password:        xxx
    dbname:          tencentdb_xxx

Full details: https://serverless.cloud.tencent.com/apps/shorten-urls/shorten-
    urls-db/dev

9s › shorten-urls-db › Success
```

控制台同时输出了 private 和 public 两种连接方式，这是因为我们在 YML 中配置 extranetAccess 参数为 true，这是为了开启数据库的公网访问，方便我们在本地开发调试。

至此，数据库就创建成功了，我们可以使用 PostgreSQL 管理工具 pgAdmin（https://www.pgadmin.org/），通过公网访问的方式进行连接测试。

pgAdmin 的使用方法非常简单，配置数据库相关参数就可以连接了，如图 13-3 所示。

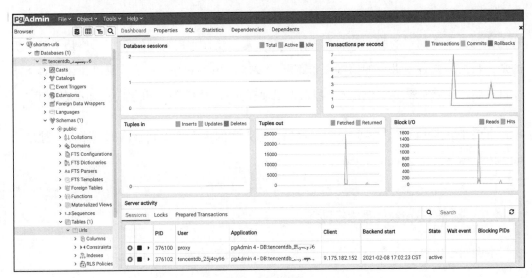

图 13-3 pgAdmin 数据库管理工具页面展示

13.4 服务开发

此前的案例采用的都是 JavaScript 代码，为了适应更多读者的需求，下面将采用深受大厂开发者青睐的 TypeScript 进行开发。

13.4.1 TypeScript 简介

打开 TypeScript 官方首页（https://www.tslang.cn/）可以看到如下文字介绍。

TypeScript 扩展了 JavaScript，为 JavaScript 添加了类型支持。
TypeScript 可以在您运行代码之前找到错误并修复，从而改善您的开发体验。
TypeScript 适用于任何浏览器、任何操作系统、任何运行 JavaScript 的地方，完全开源。

我们可以清晰地总结出 TypeScript 的核心特点：类型系统。引入类型可以帮助我们在代码开发时及时发现和找到隐藏问题，减少代码 Bug。这对于大中型项目来说，无疑是件获益匪浅的事情。同时它对类型的声明，提高了代码的可读性，也方便了项目的交接和长期维护。

我极力推荐还未开始使用 TypeScript 的前端开发者，尝试用 TypeScript 开发。虽然有人认为，一个简单的脚本项目用 TypeScript 写，反而把问题复杂化了，但是不得不提的是，目前国内各个大厂的前端项目都开始要求使用 TypeScript 了，所以建议读者从小项目开始，养成使用 TypeScript 的习惯，以便在面对大中型项目开发时更加得心应手。

有关 TypeScript 的内容就介绍到这里，感兴趣的读者可以到官网阅读学习，地址为 https://www.typescriptlang.org/zh/。

13.4.2 基于 Express 服务开发

本例服务代码将使用 Express.js 框架开发，项目架构如图 13-4 所示。

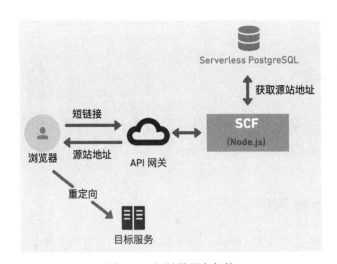

图 13-4　短链接服务架构

1. 项目初始化

首先通过 npm 命令初始化项目。

```
$ npm init
```

执行上述命令后，终端会以交付的方式询问几个配置问题，我们可以根据个人需要进行配置。

安装项目依赖，代码如下。

```
$ npm install express body-parser compression pug sequelize pg pg-hstore
    reflect-metadata nanoid tslib --save
```

安装开发依赖，代码如下。

```
$ npm install typescript @types/node @types/express @types/body-parser @types/
    compression @types/validator --save-dev
```

TypeScript 需要在项目根目录下通过 sconfig.json 文件指定编译成 JavaScript 的配置和开发中的一些类型定义，简单配置如代码清单 13-7 所示。

代码清单 13-7　文件配置

```
{
    "compilerOptions": {
        "allowSyntheticDefaultImports": true,
        "baseUrl": ".",
        "composite": true,
        "declaration": true,
        "declarationMap": false,
        "downlevelIteration": true,
        "emitDecoratorMetadata": true,
        "esModuleInterop": true,
        "experimentalDecorators": true,
        "preserveConstEnums": true,
        "importHelpers": true,
        "lib": ["esnext", "dom"],
        "module": "commonjs",
        "moduleResolution": "node",
        "sourceMap": false,
        "paths": {
            "*": ["typings/*"]
        },
        "resolveJsonModule": true,
        "noUnusedLocals": true,
        "strict": true,
        "target": "esnext",
        "rootDir": ".",
        "outDir": "dist"
    },
    "include": ["src", "typings/**/*.d.ts", "sls.ts"]
}
```

配置中相关参数的具体含义可以参考官方说明进行了解，地址为 https://www.typescriptlang.org/docs/handbook/tsconfig-json.html。

我们还需要在 package.json 文件中添加一条编译命令，如代码清单 13-8 所示。

代码清单 13-8　在 package.json 文件中添加编译命令

```
{
    "name": "shorten-urls",
    // 省略
    "scripts": {
        "build": "tsc",
        // 省略
    },
    // 省略
}
```

当项目开发完成后，运行 npm run build 命令就可以将 TypeScript 代码自动编译成 JavaScript 代码了。

2. 数据表 Urls 模型定义

前面已经设计好 Urls 表字段了，下一步是定义模型文件。src/modules/Url.ts 内容如代码清单 13-9 所示。

代码清单 13-9　src/modules/Url.ts

```
import { Sequelize, Model, DataTypes, Optional } from 'sequelize';

interface UrlAttributes {
    id: number;
    code: string;
    longUrl: string;
    baseUrl: string;
    shortUrl: string;
}

type UrlCreationAttributes = Optional<UrlAttributes, 'id'>;

export class Url extends Model<UrlAttributes, UrlCreationAttributes> implements
    UrlAttributes {
    public id!: number;
```

```
    public code!: string;

    public longUrl!: string;

    public baseUrl!: string;

    public shortUrl!: string;

    public readonly createdAt!: Date;

    public readonly updatedAt!: Date;
}

const initUrl = (sequelize: Sequelize): void => {
    Url.init(
        {
            id: {
                type: DataTypes.INTEGER,
                autoIncrement: true,
                primaryKey: true,
            },
            code: {
                type: new DataTypes.STRING(32),
            },
            longUrl: {
                type: new DataTypes.STRING(1024),
            },
            baseUrl: {
                type: new DataTypes.STRING(64),
            },
            shortUrl: {
                type: new DataTypes.STRING(128),
            },
        },
        {
            sequelize,
            tableName: 'Urls',
        },
    );
};

export { initUrl };
```

3. 初始化 Sequelize 实例

　　上面定义的模型 Urls 初始化方法 initUrl() 需要传入 sequelize 实例对象，因此我们还需要定义初始化 Sequelize 实例。文件 src/sequelize.ts 初始化 sequelize 实例如代码清单

13-10 所示。

代码清单 13-10　初始化 sequelize 实例

```
import { Sequelize } from 'sequelize';
import { initUrl } from './models/Url';

const sequelize = new Sequelize({
    logging: process.env.NODE_ENV === 'development',
    dialect: 'postgres',
    host: (process.env.DB_HOST as string) || '127.0.0.1',
    port: Number(process.env.DB_PORT || 5432),
    database: process.env.DB_NAME as string,
    username: process.env.DB_USER as string,
    password: process.env.DB_PASSWORD as string,
    pool: {
        max: 200,
        maxUses: 1,
        idle: 10000,
    },
});

initUrl(sequelize);

export { sequelize };
```

这里的数据库参数并没有直接明文配置，而是通过环境变量配置的。在入口文件中，我们可以通过 dotenv 模块，将 .env 文件中的配置项注入 process.env。需要注意的是，开源项目时要选择忽略 .env 文件（即不将 .env 文件上传到 GitHub 仓库中），这样就实现了项目的脱敏。

4. 编写服务入口

src/app.ts 内容如代码清单 13-11 所示。

代码清单 13-11　src/app.ts

```
import path from 'path';
import express, { Application } from 'express';
import compression from 'compression'; // compresses requests
import bodyParser from 'body-parser';
import { initRoutes } from './routes';

interface SlsApplication extends Application {
```

```
    binaryTypes?: string[] | null;
    slsInitialize?: () => Promise<void>;
}

// 创建 Express 应用
const app = express() as SlsApplication;

// Express 应用配置
app.set('port', process.env.PORT || 3000);
app.set('views', path.join(__dirname, 'views'));
app.set('view engine', 'pug');
app.use(compression());
app.use(bodyParser.json());
app.use(bodyParser.urlencoded({ extended: true }));

app.use(express.static(path.join(__dirname, 'public'), { maxAge: 31557600000
    }));

// 定义和初始化路由函数
initRoutes(app);

export { app };
```

入口文件中声明了 SlsApplication 接口类型，并添加了 binaryTypes 和 slsInitialize 两个属性，这里是为了部署到 Serverless 云函数而做的准备，可以先忽略。

最后导出 Express 应用 app 对象，入口文件只需要引入它，然后调用 app.listen() 方法就可以启动服务了。而在云端云函数中，只需要将它传入 Serverless Express 组件，我们可以先创建本地开发的服务入口文件。src/server.ts 内容如代码清单 13-12 所示。

代码清单 13-12 src/server.ts

```
import dotenv from 'dotenv';
import path from 'path';
dotenv.config({ path: path.join(__dirname, '..', '.env') });

import { app } from './app';
import { sequelize } from './sequelize';

const isDev = process.env.NODE_ENV === 'development';

async function startServer() {
    await sequelize.sync({ force: isDev });
    const server = app.listen(app.get('port'), () => {
```

```
        console.log(
            '  App is running at http://localhost:%d in %s mode',
            app.get('port'),
            app.get('env'),
        );
        console.log('  Press CTRL-C to stop\n');
    });

    return server;
}

startServer();
```

服务启动文件中，在调用 app.listen() 方法之前，还指定了 sequelize.sync() 方法，以便在启动服务前初始化数据库。

5. 路由定义

13.2 节介绍了短链接服务的两个核心功能：**生成短链接码和通过短链接码重定向到目标网址**。我们的后端服务必须有实现这两个功能的路由，因此需要定义路由文件 src/routes/index.ts，如代码清单 13-13 所示。

代码清单 13-13　定义路由文件 src/routes/index.ts

```
import { Request, Response, Application } from 'express';
import { nanoid } from 'nanoid';
import { Url } from '../models/Url';
import { isUri } from '../utils';
import * as homeController from '../controllers/home';

const initRoutes = (app: Application): void => {
    app.get('/', homeController.index);

    // GET/:code
    app.get('/:code', async (req: Request, res: Response) => {
        try {
            const url = await Url.findOne({ where: { code: req.params.code } });

            if (url) {
                return res.redirect(url.longUrl);
            }
            return res.status(404).json('No url found');
        } catch (err) {
            console.error(err);
```

```
            res.status(500).json('Server error');
        }
    });

    // POST/api/short
    app.post('/api/short', async (req, res) => {
        const { longUrl, baseUrl } = req.body;

        // 检查 baseUrl 参数是否是有效的链接
        if (!isUri(baseUrl)) {
            return res.status(401).json({
                code: 1,
                error: {
                    message: 'Invalid base url',
                },
            });
        }

        // 创建短链接的唯一 id
        const code = nanoid(9);

        // 检查 longUrl 参数是否是有效的链接
        if (isUri(longUrl)) {
            try {
                let url = await Url.findOne({ where: { longUrl, baseUrl } });

                if (url) {
                    res.json({
                    code: 0,
                    error: null,
                    data: {
                        url: url.shortUrl,
                    },
                });
            } else {
                const shortUrl = baseUrl + '/' + code;

                url = await Url.create({
                    baseUrl,
                    longUrl,
                    shortUrl,
                    code,
                });

                res.json({
                    code: 0,
                    error: null,
                    data: {
```

```
                    url: shortUrl,
                },
            });
        }
    } catch (err) {
        console.error(err);
        res.status(500).json({
            code: 3,
            error: {
                message: 'Server error',
                },
            });
        }
    } else {
        res.status(401).json({
            code: 2,
            error: {
                message: 'Invalid long url',
                },
            });
        }
    });
};

export { initRoutes };
```

代码参数说明如下。

❑ GET/:code：此路由为用户请求短链接，服务通过请求参数获取短链接码，然后实现重定向。

❑ POST/api/short：此路由为前端页面表单提交长链接，然后生成短链接存储数据库的接口。

为了用户能直接访问我们的服务，这里还多定义了一个首页入口路由，然后通过首页提交想转化为短链接的页面。

渲染首页路由文件 src/controller/home.ts，如代码清单 13-14 所示。

代码清单 13-14　渲染首页路由文件

```
import { Request, Response } from 'express';
```

```
export const index = (req: Request, res: Response) => {
    res.render('home', {
        title: 'Shorten Urls - Serverless',
        staticUrl: process.env.STATIC_URL || '',
        isDev: process.env.NODE_ENV === 'development',
    });
};
```

此处渲染首页传入了如下 3 个变量。

❏ Title：页面标题。

❏ staticUrl：静态资源域名，可以是对象存储访问链接，也可以是 CDN 域名。

❏ isDev：是否为本地开发，方便本地开发调试使用。

13.4.3　前端页面

首页面主要包含用户输入长链接的输入框、提交按钮和生成的短链接显示位置。此页面比较简单，创建文件 src/views/home.pug，如代码清单 13-15 所示。

代码清单 13-15　文件 src/views/home.pug 内容

```
extends layout

block content
    h1 Shorten Urls
    p.lead Serverless Node.js web applications
    .domain-select
        if isDev
            span.item

                input(id="val0",type="radio",name="domain",value="http://
                    localhost:3000",checked="true")
                label(for="val0") http://localhost:3000
        span.item

            input(id="val1",type="radio",name="domain",value="https://url.sls.
                plus",checked="true")
            label(for="val1") https://url.sls.plus
        span.item

            input(id="val2",type="radio",name="domain",value="https://u.sls.
                plus")
            label(for="val2") https://u.sls.plus
```

```
section(class="input-box")
    input(class="input",type="text",name="url",id="url",placeholder="Please-
        input your source url")
    button(class="button",id="button") Submit
section(class="result-box")
    h3.result-title Result
    p(id="result") No data
```

home.pug 使用了集成语法 extends，所以这里只简化编写了 content 模块的内容。再来看看 home.pug 页面继承的布局文件代码，src/views/layout.pug 文件的内容如代码清单 13-16 所示。

代码清单 13-16　src/views/layout.pug 文件

```
doctype html
html
    head
        meta(charset='utf-8')
        meta(http-equiv='X-UA-Compatible', content='IE=edge')
        meta(name='viewport', content='width=device-width, initial-scale=1.0')
        title #{title}
        link(rel="icon",href=staticUrl+"/favicon.ico")
        link(rel="stylesheet", href=staticUrl+"/css/index.css")


    body
        .container
            block content
        footer
            .left
                span © 2020 Serverless Plus

    script(src="https://cdn.bootcdn.net/ajax/libs/jquery/3.5.1/jquery.min.js")
    script(src=staticUrl+"/js/index.js")
```

上述 home 页面用到了 pug 模板引擎语法（https://pugjs.org/zh-cn），之所以使用 pug，是因为页面在渲染时会有动态逻辑，这也是 Express 官方最推荐的模板。

前端 JavaScript 逻辑开发

前端 JavaScript 开发逻辑是，当用户在输入框输入长链接，并点击提交后，前端通过 Ajax 请求提交长链接，请求调用 /api/short 接口，获取短链接并在页面中显示。

前端 JavaScript 逻辑都存放在 src/public/js/index.js 文件中，如代码清单 13-17 所示。

代码清单 13-17　src/public/js/index.js

```javascript
$(document).ready(function() {
    const button = $('#button');
    const input = $('#url');
    const result = $('#result');

    button.on('click', () => {
        const url = input.val();
        const domain = $('input[type=radio]:checked').val();
        if (!url) {
            return;
        }
        $.ajax({
            method: 'POST',
            url: '/api/short',
            dataType: 'json',
            data: {
                longUrl: url,
                baseUrl: domain,
            },
        })
            .done((res) => {
                if (res.code === 0) {
                    result.html('<a href="${res.data.url}" target="_
                        blank">${res.data.url}</a>');
                } else {
                    result.html('<span class="error">${res.error.message}</
                        span>');
                }
            })
            .fail((res) => {
                const error = JSON.parse(res.responseText).error;
                result.html('<span class="error">${error.message}</span>');
            });
    });
});
```

现在整个服务基本开发好了。在本地启动服务之前，我们还需要为前面创建
PostgreSQL 数据库时生成的 public 对象（公网访问数据库相关参数）中的配置参数，配
置到项目的 .env 文件中，如代码清单 13-18 所示。

代码清单 13-18　配置数据库参数

```
TENCENT_SECRET_ID=123
TENCENT_SECRET_KEY=123

REGION=ap-shanghai
ZONE=ap-shanghai-2

DB_HOST=127.0.0.1
DB_NAME=shorten-urls
DB_USER=root
DB_PASSWORD=123
DB_PORT=5432

# 本地开发静态资源链接为 /
STATIC_URL=/
```

然后，本地启动服务，访问 http://localhost:3000 效果如图 13-5 所示。

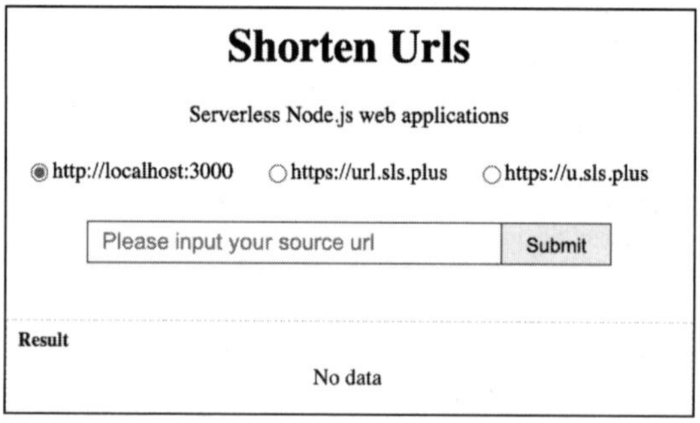

图 13-5　本地运行效果

尝试提交长链接，结果如图 13-6 所示。

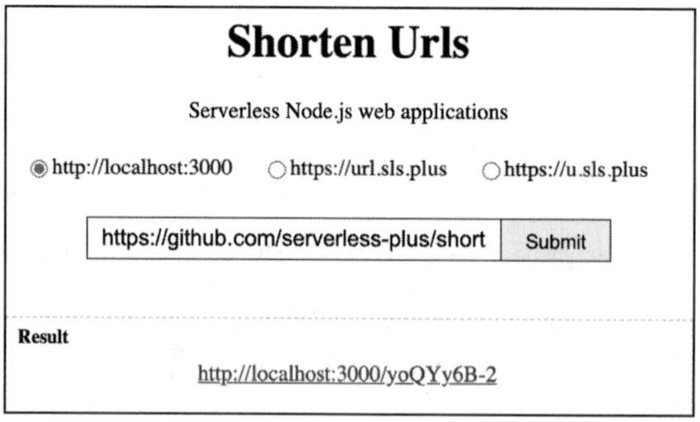

图 13-6　长链接转换效果

复制短链接，在浏览器中的访问效果也是符合预期的。

13.4.4　服务 Serverless 化

在第 10 章介绍开发 Serverless Web 服务时，我们演示过如何使用 Serverless Express 组件：需要在项目中定义 sls.js 入口文件，由于本章使用 TypeScript 语言进行开发，为此在项目根目录下也需要相应地定义 sls.ts 文件，如代码清单 13-19 所示。

代码清单 13-19　定义 sls.ts 文件

```
import { app } from './src/app';
import { sequelize } from './src/sequelize';

app.slsInitialize = async () => {
    try {
        await sequelize.sync({ force: false });
    } catch (e) {
        console.log('[DB Error]: ${e}');
    }
};

app.binaryTypes = ['*/*'];

module.exports = app;
```

定义好了 Serverless 入口文件，我们还需要定义 serverless.yml 配置文件，如代码清单 13-20 所示。

代码清单 13-20　定义 serverless.yml 配置文件

```
org: slsplus
app: shorten-urls
stage: dev
component: express
name: shorten-urls

inputs:
    functionName: ${name}
    region: ${env:REGION}
    runtime: Nodejs12.16
    src:
        src: ./dist
```

```
        exclude:
            - .env
            - '.git/**'
            - 'docs/**'
            - '__tests__/**'
            - 'typings/**'
            - '.github/**'
            - 'node_modules/**'
        layers:
            - name: ${output:${stage}:${app}:${name}-layer.name}
              version: ${output:${stage}:${app}:${name}-layer.version}
        functionConf:
            timeout: 120
            vpcConfig:
            vpcId: ${output:${stage}:${app}:${app}-vpc.vpcId}
            subnetId: ${output:${stage}:${app}:${app}-vpc.subnetId}
        environment:
            variables:
                NODE_ENV: production
                SERVERLESS: true
                STATIC_URL: ${output:${stage}:${app}:${app}-cos.url}
                DB_HOST: ${output:${stage}:${app}:${app}-db.private.host}
                DB_PORT: ${output:${stage}:${app}:${app}-db.private.port}
                DB_NAME: ${output:${stage}:${app}:${app}-db.private.dbname}
                DB_USER: ${output:${stage}:${app}:${app}-db.private.user}
                DB_PASSWORD: ${output:${stage}:${app}:${app}-db.private.
                    password}
apigatewayConf:
    serviceName: shorten_urls
    serviceTimeout: 120
    protocols:
        - http
        - https
    function:
        functionQualifier: $DEFAULT
    customDomains:
        - domain: url.sls.plus
          certificateId: abcdef
          isDefaultMapping: false
          pathMappingSet:
              - path: /
                environment: release
          protocols:
              - https
        - domain: u.sls.plus
          certificateId: Dlkdjkl
          isDefaultMapping: false
          pathMappingSet:
```

```
        - path: /
          environment: release
      protocols:
        - https
```

这里要介绍一下 functionConf 的 environment 参数，它用于创建云函数配置对应的环境变量，因为之前我们提到过，数据库的相关配置都需要通过 process.env 对象获取，而云函数的环境变量配置参数都会自动注入 process.env。而数据库是通过 serverless postgresql 组件创建的，所以可以通过 ${output} 语法直接获取。

配置好 serverless.yml 文件及环境变量之后，执行 TypeScript 编译命令，然后执行 sls deploy 命令，就可以将短链接服务的 Express 应用部署到云端了。

13.5　本章小结

本章我们不仅学习了短链接服务的原理，还学习了如何使用 TypeScript 开发 Serverless 应用。当然我们也可以将依赖代码部署到层上面，从而减少代码包重复上传，加快部署速度；或者为项目配置 GitHub Actions 来实现自动化部署，减少人工部署可能产生的失误。

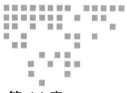

Chapter 14 第 14 章

Serverless 消息实时推送：结合 WebSocket 实现外卖点单系统

本章将以企业中典型的应用场景——消息实时推送为例，探索该场景在 Serverless 下的具体实现。本章首先介绍消息实时推送的几种实现方式，并对 WebSocket 进行简要介绍。之后，将结合外卖点单系统案例，通过介绍其原理、架构和实现，带领读者快速部署一个基于 WebSocket 的实时点单系统。

14.1　消息实时推送

Web 端的消息实时推送在各行各业都有非常广泛的应用。例如 Web 在线通信、社交订阅、股票 / 基金实时报价系统、多玩家游戏、在线教育等，都需要将后台发生的变化实时、主动地推送到浏览器端，无须用户手动刷新页面。

相比于手机端的消息推送（一般通过 Socket 的方式实现），Web 端主要基于 HTTP 实现，由于 HTTP 单向通信的特点，通信只能由客户端发起，无法做到服务器主动向客户端推送消息。在这种情况下，如果服务端有连续的状态变化，客户端难以及时获取，难以实现 TCP 这样长链接的效果，因此需要通过轮询 / 长轮询等技术获取服务端变化。随着技术的发展，出现了 WebSocket 协议，可以达到类似长链接的效果。因此，当前的实时推送技术大概可以分以下 3 类。

1. 短轮询

短轮询指的是客户端和服务端一直连接，每隔一段时间就请求连接一次。短轮询的优点是实现简单，对 HTTP 实现无须做过多修改。但缺点也非常明显：如果轮询的间隔过长，客户端无法及时收到更新；如果轮询间隔短，又会导致连接数过多，增加服务端的负担。

2. 长轮询

长轮询基于短轮询做了改进，客户端发送 HTTP 给服务器端时，如果没有新消息就会等待，如果有新消息会返回给客户端。这样减轻了服务端的压力，并且保证了比较好的时效性。但缺点依然存在：持续保持连接会消耗网络带宽，并且当服务端没有数据返回时，会造成请求超时。

3. WebSocket

上述两种双向通信实现方式都不理想，在此背景下，WebSocket 协议诞生了。WebSocket 将 TCP 的 Socket 应用在 Webpage 上，从而在服务端和客户端建立了全双工通信。WebSocket 连接一旦建立，无论客户端或服务端，都可以直接向对方发送报文。

相比于传统 HTTP 每次请求和应答都需要服务端和客户端建立连接的通信方式，WebSocket 在连接建立后、断开连接前，无须服务端或者客户端重新发起连接请求。因此在并发量大的场景下，可以有效节约带宽资源，有显著的性能优势。HTTP 和 WebSocket 协议的传输方式对比如图 14-1 所示。

基于上述对比可知，WebSocket 协议十分适合实时通信场景，一方面解决了 HTTP 只能由服务端发起通信的被动性，另一方面解决了数据推送延迟的问题，并且具有明显的性能优势。

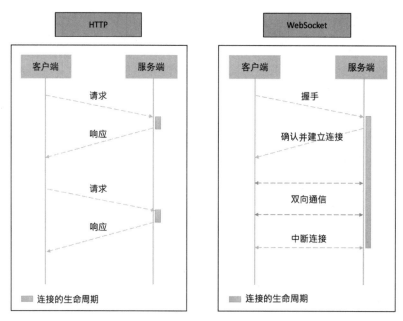

图 14-1　HTTP 与 WebSocket 的对比

14.2　基于 Serverless 实现 WebSocket 外卖点单系统

WebSocket 的消息推送能力在性能、实时性等方面都更有优势，本节首先讲解基于 Serverless 如何支持 WebSocket 协议，之后介绍基于 Serverless 搭建的 WebSocket 系统架构、模块分工和具体实现方式。目的是让读者对于 Serverless 下的 WebSocket 应用场景有更加深入的了解。

14.2.1　基于 Serverless 实现 WebSocket 协议

因为 FaaS 云函数本身是无状态的，并且需要通过事件触发执行，即在有事件到来时才会被触发。因此，为了实现 WebSocket，云函数与 API 网关相结合实现了服务端，通过 API 网关承接及保持与客户端的连接。

当客户端有消息发出时，会先传递给 API 网关，再由 API 网关触发云函数执行。当服务端云函数向客户端发送消息时，会先由云函数将消息通过 POST 方法推送到 API 网关，再由 API 网关推送给客户端。Serverless WebSocket 的实现架构如图 14-2 所示。

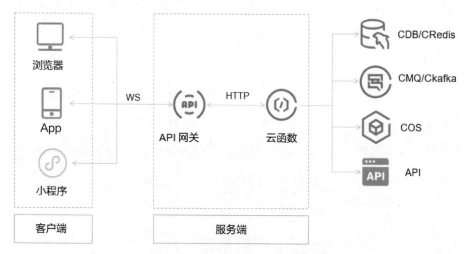

图 14-2　Serverless WebSocket 实现架构图

WebSocket 的整个生命周期主要由下列事件组成。

❏ 建立连接：客户端向服务端请求建立连接并完成建立。
❏ 数据上行：客户端通过已经建立的连接向服务端发送数据。
❏ 数据下行：服务端通过已经建立的连接向客户端发送数据。
❏ 断开客户端：客户端要求断开已经建立的连接。
❏ 断开服务端：服务端要求断开已经建立的连接。

根据对应的生命周期事件，需要 3 类云函数承载 API 网关和云函数之间的交互，具体交互流程如图 14-3 所示。

❏ 注册函数：在客户端发起和 API 网关之间建立 WebSocket 连接时触发该函数，通知云函数 WebSocket 连接的 secConnectionID。通常会在该函数中记录 secConnectionID 到持久存储中，用于后续数据的反向推送。
❏ 清理函数：在客户端主动发起 WebSocket 连接中断请求时触发该函数，通知云函数准备断开连接的 secConnectionID。随后，从数据库，即函数的持久化存储中清理该 secConnectionID。

❑ 传输函数：在客户端通过 WebSocket 连接发送数据时触发该函数，告知云函数连接的 secConnectionID 以及发送的数据。通常会在该函数中处理业务数据，例如，是否将数据推送给持久存储中的其他 secConnectionID。

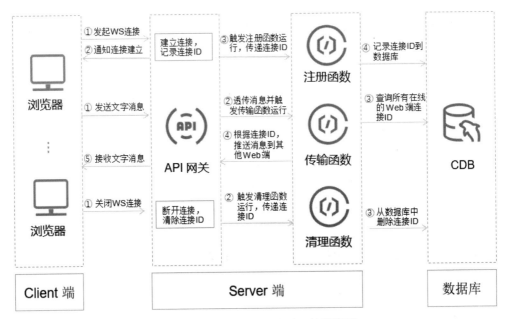

图 14-3　Serverless WebSocket 处理流程

14.2.2　系统架构说明

基于上述 Serverless WebSocket 架构，可以实现一个外卖点单场景，系统架构如图 14-4 所示。

首先，用户在打开下单系统时，会通过 /getshopinfo 的 HTTP 接口从 DB 中获取对应的店铺信息。之后，用户可以在下单页面中通过 /bill 的 HTTP 接口下单。接着，对应的函数将从 DB 中查询对应店铺的 WebSocket connection_id，并将点单信息推送到该 connection_id 中。这部分实现主要基于 HTTP，并不需要修改业务架构。

在店铺系统中，点击开始接单按钮，后端云函数会建立 WebSocket 连接。对应店铺的 connection_id 收到下单消息时，实时推送到店铺系统的页面，从而实现实时下单、点单推送和更新。

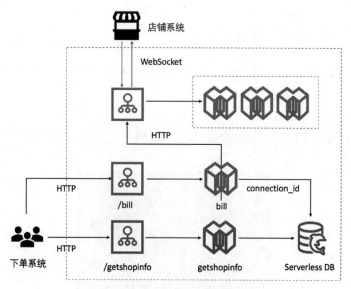

图 14-4 外卖点单系统架构图

在当前的架构下，涉及多个店铺时会对应多个 WebSocket 连接。此外，如果连接超时，店铺的连接会关闭并重启，此时需要业务侧手动维护店铺和 connection_id 的映射关系，确保下单时推送消息的准确性。

14.3 应用开发及部署

云资源的配置比较复杂，本章代码模板及部署教程通过 Serverless 开发平台 Serverless Framework 实现。

1. 初始化项目模板

在使用 Serverless 命令前，我们需要先安装 Serverless Framework，代码如下。

```
$ npm install -g serverless
```

由于该模板已经发布到 Serverless 应用中心，因此可以一键下载并部署。

```
$ serverless init order-system
```

当然还可以通过 Git 命令进行初始化，代码如下。

```
$ git  clone https://github.com/serverless-plus/serverless-order-system
```

2. 项目简介

将项目下载到本地后，可以查看项目的目录结构，如图 14-5 所示。

图 14-5　外卖点单系统项目目录

其中包含数据库、VPC、云函数等多个子模块，说明如下。

❏ postgresql 目录用于创建 Serverless PG 数据库实例。

❏ server 目录存放的是基于 Express 的后端服务云函数代码。

- /init：初始化数据库，创建相关表单和测试数据。
- /bill：外卖下单 API。
- /get_shop_info：主要用于实现获取店铺菜单的 API。
- /order：用于将用户下单消息推送到商家端的 API。

❑ vpc 目录用于创建私有网络，主要用于创建 Serverless PG。

❑ website 目录中是该项目涉及的前端页面。

- client.html：客户端页面。

- shop.html：商家端页面。

- index.html：测试页面。

❑ websocket 目录主要存放了 WebSocket 消息推送函数。

- connect：WebSocket 建连处理。

- disconnect：WebSocket 断连处理。

- message：WebSocket 消息推送。

注
意　index.html 页面是为了演示方便，通过 frame 的方式将客户端和商家端的页面嵌入到一个界面的左右两边，这样可以在浏览器的一个窗口内模拟点单。

---

3. 安装项目依赖

server、websocket 和 website 三个子项目都需要安装依赖，读者可以分别进入这三个子目录执行 npm install 命令。此案例也提供了自动化脚本安装这三个子目录的项目依赖，只需要在项目根目录执行如下命令。

```
$ npm run bootstrap
```

该命令实际上执行的是项目下的 scripts/bootstrap.js 文件，内容如代码清单 14-1 所示。

代码清单 14-1　scripts/bootstrap.js 文件

```
const path = require('path');
const util = require('util');
const exec = util.promisify(require('child_process').exec);

const rootDir = path.join(__dirname, '..');
const serverDir = path.join(rootDir, 'server');
const websocketDir = path.join(rootDir, 'websocket');

async function installDependencies(dir) {
```

```
    await exec('npm install', {
        cwd: dir,
    });
}

async function bootstrap() {
    console.log('Start install dependencies...\n');
    console.log('Start install server dependencies...\n');
    await installDependencies(serverDir);
    console.log('Api dependencies installed success.');
    console.log('Start install websocket dependencies...\n');
    await installDependencies(websocketDir);
    console.log('Frontend dependencies installed success.');
    console.log('All dependencies installed.');
}

bootstrap();
```

此脚本利用 Node.js 的 child_process 模块提供的 exec() 函数，帮助我们执行 npm install 命令，而且使用时不需要执行 cd 命令进入指定字目录，因为 exec() 函数的第二个参数支持配置 cwd，也就是执行命令所在的目录。

Node.js 是一个非常强大的开源项目，前端借助它不仅可以实现后端服务，而且基于它强大的模块系统，我们可以实现很多自动化脚本。建议读者在日常开发工作中，多多思考和总结，多尝试基于 Node.js 开发自动化脚本，代替日常重复规律的任务。

4. 项目配置

将模板中的 .env.example 改为 .env 文件并配置对应的地域信息和密钥，如代码清单 14-2 所示。

代码清单 14-2　.env 文件配置

```
# 腾讯云鉴权密钥
TENCENT_SECRET_ID=xxxxxx
TENCENT_SECRET_KEY=xxxxxx

# 全局配置
REGION=ap-beijing
ZONE=ap-beijing-3
```

配置中的 TENCENT_SECRET_ID 和 TENCENT_SECRET_KEY 是腾讯云的鉴权密钥，用来授权 Serverless CLI 帮助用户操作云端资源。在生成密钥之前，相关的权限都可以根据需要进行配置。

在创建私有网络和 Serverless PG 的时候，需要指定地区使用的环境变量 REGION 和 ZONE，因为一些云端资源在不停地更新和迭代，所以支持的地区也是有限的。

5. 项目部署

之前已经介绍了很多实际代码开发，这里就不再过多说明了，建议读者在部署前，基于项目目录熟悉一下整体架构和代码实现细节。

配置好上述环境变量后，只需要执行如下命令就可以部署项目了。

```
$ npm run deploy
```

此脚本命令实际上执行的是 sls deploy，细心地读者会发现，项目根目录的 package.json 中还提供了很多部署命令，如下所示。

```
"deploy": "sls deploy --all",
"deploy:vpc": "sls deploy --target=./vpc",
"deploy:db": "sls deploy --target=./postgresql",
"deploy:ws": "sls deploy --target=./websocket",
"deploy:server": "sls deploy --target=./server",
"deploy:website": "sls deploy --target=./website"
```

由于每次执行 npm run deploy 命令都会将项目中涉及的资源部署一遍，耗时可能比较久，而第一部署成功后，VPC 和数据库基本不需要进行二次部署了，因此，我们在开发好子项目，比如 WebSocket 服务后，就可以单独执行如下部署命令进行调试验证了。

```
$ npm run deploy:ws
```

6. 本地开发

大家可能还有疑惑：部署的服务都在云端，本地如何开发调试呢？

实际上，针对云端部署的服务，和在本地进行开发调试并没有太大差别，这里以 server 目录的后端服务为例进行说明。

前面介绍过，server 目录是基于 Express 的 Web 接口服务。熟悉 Express 的人都清楚，只需要调用 Express 应用的 listen() 方法，就可以监听本地端口启动服务，但是部署到远端后是不需要调用该方法的。

这样我们就可以在入口文件中添加判断逻辑，如代码清单 14-3 所示。

代码清单 14-3　在入口文件中添加判断逻辑

```
const express = require('express');
const cors = require('cors');
const routes = require('./routes');

const app = express();

app.use(express.json());
app.use(express.urlencoded({ extended: false }));
app.use(cors());

routes(app);

if (!process.env.SERVERLESS) {
    app.listen(3000, () => {
        console.log('Server start on http://localhost:3000');
    });
}
module.exports = app;
```

通过判断 process.env.SERVERLESS 环境变量是否存在，区分是在本地执行开发调试还是在云端执行开发调试。

数据库也是在云端的，那么本地如何连接呢？因为 Serverless PostgreSQL 是支持开启公网访问的，所以本地开发时，我们只需要配置公网访问，而开启公网访问只需要将 postgresql/serverless.yml 中的 extranetAccess 设为 true。这样我们本地启动服务就可以调试相关 API 接口了。由于 WebSocket 服务比较特殊，目前只能部署到远端，然后在本地 WebSocket 建连测试。

本项目也针对 Website 配置了本地启动方式，只需要在项目根目录执行如下命令。

```
$ npm run dev
```

本地启动前端页面服务如图 14-6 所示。

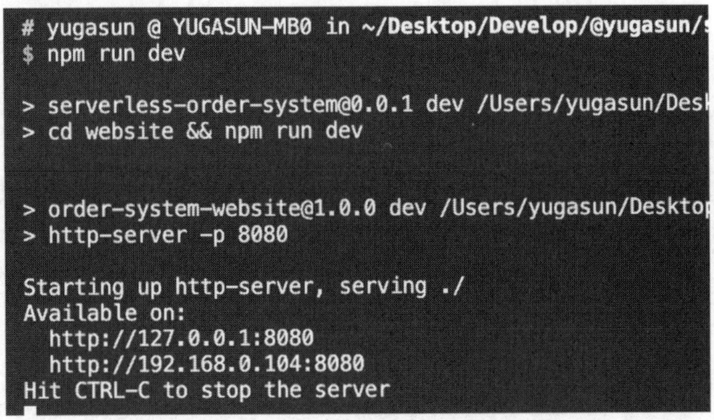

```
# yugasun @ YUGASUN-MB0 in ~/Desktop/Develop/@yugasun/s
$ npm run dev

> serverless-order-system@0.0.1 dev /Users/yugasun/Desk
> cd website && npm run dev

> order-system-website@1.0.0 dev /Users/yugasun/Desktop
> http-server -p 8080

Starting up http-server, serving ./
Available on:
  http://127.0.0.1:8080
  http://192.168.0.104:8080
Hit CTRL-C to stop the server
```

图 14-6　本地启动前端页面服务

然后浏览器访问 http://127.0.0.1:8080 就可以看到如图 14-7 所示的页面了。

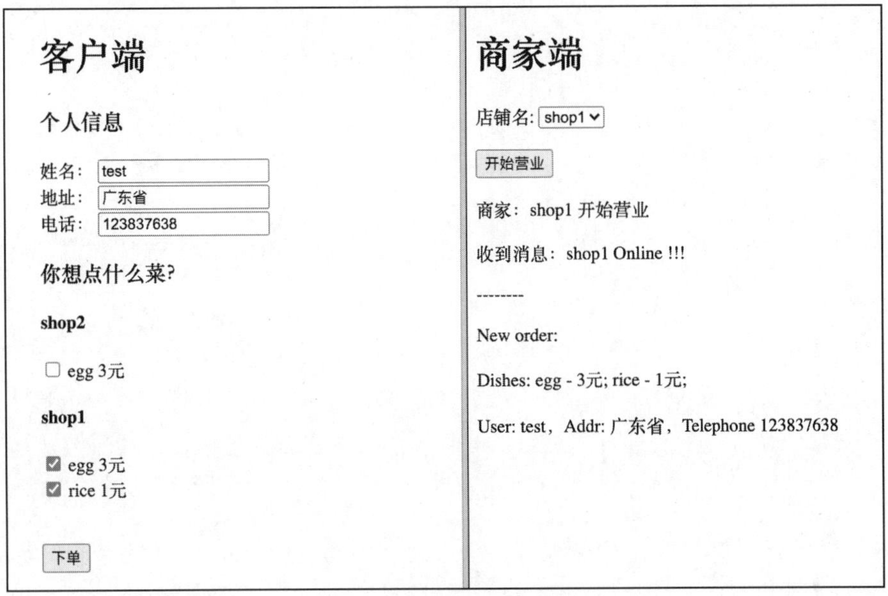

图 14-7　项目演示效果图

14.4　本章小结

本章介绍了消息推送场景下的主流技术和架构以及如何通过 Serverless 实现 WebSocket 服务。本章最后结合云函数和 API 网关部署了一个实时外卖点单系统，帮助读者进一步了解 Serverless 下 WebSocket 的应用和实现。

第 15 章 *Chapter 15*

Serverless 展望：云计算的下个十年

本书前面 14 章主要介绍的是 Serverless 的概念、场景和工程化应用，这些内容都是当前相对成熟的，已经在企业和市场中应用并得到了初步验证。市面上已有非常多的商业化产品，如 AWS Lambda、腾讯云云函数等提供 Serverless 服务。但是如果希望了解 Serverless 在下个十年的趋势和发展，最好的方式就是从高校和学术研究的方向入手。加州大学伯克利分校 RISE Lab 实验室对 Serverless 未来的发展进行了多个方向的研究，并预言 Serverless 将代表云计算的下一个十年。本章将介绍其中一些研究领域的成果。

15.1 Serverless 研究趋势

当出现新的技术趋势时，学术界往往非常活跃，从近几年 Serverless 方向的研究论文数就可以看出，Serverless 话题在学术研究领域的上升趋势愈发明显。在 ACM 顶级学术会议 SoCC 2020（ACM Symposium on Cloud Computing）中，Serverless 相关的议题占比超过了 20%。同时，统计数据表明，最近几年 Serverless 方向的论文数每年都在翻倍增长，在 2020 年，已发表和计划发表的论文已达到了近 300 篇，如图 15-1 所示。

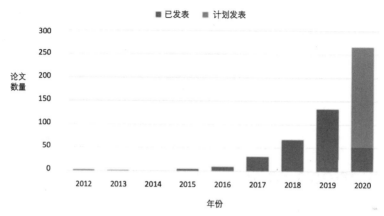

图 15-1　近年来 Serverless 相关论文数量统计

在分享具体的研究成果之前，我们先简单了解几种不同的 Serverless 研究方向。按照实现的方式和底层维度的不同，自顶向下来看，研究方向可以分为以下三类。

1. 具体应用的抽象

具体应用的抽象指的是选取一个特定场景，将其 Serverless 化。这类研究通常不重视解决通用层面的问题，只要用 Serverless 解决该场景下的问题即可，针对大数据检索并生成报表的场景就属于这个方向。

2. 通用的抽象

通用的抽象是指通过满足一些条件，让任意业务适配 Serverless 架构。本质上说，这涉及针对分布式系统进行开发模式的简化。这一方面的研究比具体应用的抽象更有挑战，但成果也更具普适性，基于 Serverless 的存储或文件共享方案等场景就属于这个方向。

3. 实现层面

函数即服务概念刚推出的时候，在效率等方面有很多待提升的地方。虽然目前函数平台已经有了一些改善，进一步拓宽了平台的限制。但从学术层面看，依然有非常多可深入优化的地方，例如 FaaS 平台将不断追求更低的延迟、更好的状态共享、租户隔离、极致的弹性扩展等。该研究方向更多涉及底层实现。

15.2　Serverless 研究成果和亮点

本节针对当前 Serverless 架构的不足，分别从机器学习、文件系统和 Serverless 数据中心入手介绍近几年 Serverless 领域的研究成果和亮点。

15.2.1　Serverless 和机器学习

1. 通用机器学习库 Cirrus

当前各个云服务商已经提供了应用层面的 Serverless 机器学习服务，例如 AWS 的 Sagemaker 服务或者腾讯云的 TI-one 等。在这些服务中，用户只需要配置输入的数据、设置好模型，机器学习服务就会进行训练，并按照模型的训练时间计费。但这种服务只针对机器学习这个特定的场景，并不具备普适性。此外，如果用户对于训练模型有定制化的需求，或者希望对训练步骤进行改动（例如一些新的机器学习训练算法），这种情况下应用层的服务就无法完全满足要求了。

基于这样的背景，Serverless 结合机器学习需要更为通用的解决方案。例如，直接将数据或者代码作为 FaaS 函数平台的输入，让其在通用的 FaaS 平台上进行训练。当前已经有名为 Cirrus 的研究项目，提供了一个基于 Python 的通用机器学习库，让用户方便地在 Lambda 等函数平台上进行端到端的机器学习训练，从而满足定制化的需求。基于 Serverless 的机器学习方案如图 15-2 所示。

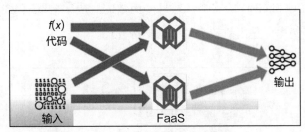

图 15-2　定制化 Serverless 机器学习方案[⊖]

⊖　图片来自 Serverlessdays China 中 Johann 的演讲。

需要注意的是，由于当前 FaaS 平台依然有许多限制，所以运行 Cirrus 往往需要对这些限制进行适配或调整，例如函数的内容过少、平台上传代码包有大小的限制、不支持点对点传输、没有快速的存储介质、实例生命周期有限等。

根据 Cirrus 和其他应用层级机器学习服务的性能测试和对比，在较短的执行时间内，Cirrus 的性能表现很好，并且优于其他机器学习服务。用户可以根据自己的训练模型和需求选择是否选用这种方案。Cirrus 的 GitHub 项目地址为 https://github.com/ucbrise/cirrus。

2. Serverless GPU —— 内核即服务

当前 FaaS 平台主要运行在 CPU 的硬件上，而在特定领域如机器学习，GPU 计算是十分必要的，它为许多算法和工作流提供了非常重要的加速作用。因此，RISE Lab 团队在调研如何将 GPU 和 Serverless 计算以更好的方式结合在一起。

由于成本或价格等原因，当前商业化的 FaaS 平台并没有提供 GPU 函数，这是因为 GPU 服务器的价格昂贵，需要针对机器利用率做进一步优化后才能真正实现商业化应用。内核即服务（Kernel as a Service，KaaS）的概念，类似 FaaS 平台支持 Node.js 和 Python 等不同类型的运行时，KaaS 中的运行时支持的是面向 GPU 的编程语言，如 CUDA、OpenCL。但目前研究的主要挑战在于，是否可以完全通过 GPU 语言编写 KaaS 服务，从而摆脱对 CPU 代码的依赖。

图 15-3 可以进一步解释这个理念，Serverless GPU 有两种实现方式：第一种是在函数平台同时提供 CPU 和 GPU 的支持，即每个函数的底层架构既有 CPU、内存卡，也有 GPU 加速器。这种架构也是当前较为通用的支持方式。

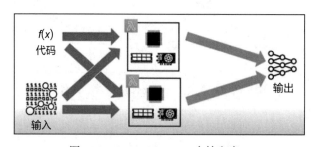

图 15-3　Serverless GPU 支持方案 1

第二种实现方式在技术层面有更高的挑战。有挑战的地方在于，是否可以像图 15-4 一样，提供一个只有 GPU 的纯 GPU 底层来运行函数呢？这样可以彻底区分 CPU/ 内存型函数和 GPU 型函数，由于当前从通信模式上还比较难将 CPU 和 GPU 从硬件上彻底分开，这将是研究中比较大的一个挑战。

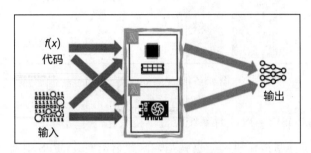

图 15-4　Serverless GPU 支持方案 2

15.2.2　Serverless 文件系统

由于 FaaS 平台在状态性存储和共享方面还存在着较多限制，因此 Serverless 文件系统状态性方面的优化也是一个非常有价值的研究方向。

图 15-5 可以解释当前 Serverless 计算的状态共享 / 存储模式。Serverless 架构的状态性主要有两个层面。在计算层，主要通过 FaaS 提供服务，特点是实例之间相互隔离，并且只有短暂的状态性。短暂的状态性指的是 FaaS 服务运行完毕后，销毁实例，状态也随之销毁。如果希望永久存储，则需要将云函数运行时的状态持续写入存储层即 BaaS 服务中（例如对象存储、K-V 存储等），实现状态信息的长期存储和共享。

但这样的模式面临着两个重要问题：一方面是延迟问题，也是许多 BaaS 服务目前存在的问题；另一方面，对象存储或者 K-V 存储是通过 API 提供服务的，并不能感知底层的存储情况，因此在开发应用或迁移时难以信任这些存储资源（改变了以往的开发使用方式）。那么，用户的诉求很简单，是否可以在云端提供与本地磁盘一样的存储能力呢？

这就是 Serverless 云函数文件系统（Cloud Function File System，CFFS）要提供的能力。该文件系统有以下几个特点。

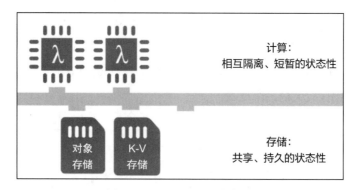

图 15-5　Serverless 状态存储

❏ 基于标准的 POSIX API 文件系统，提供持久化的存储能力。

❏ CFFS 提供了透明传输机制，也就是在函数启动时，CFFS 也随之启动一个传输管道；而当函数销毁时，这个传输会被提交。这样做可以获取函数执行过程中的许多状态信息。

❏ 虽然通常情况下传输会对性能有影响，但如果能够积极利用本地状态和缓存，这种方式相比传统的文件存储系统，对性能有更好的提升。

CFFS 在云服务商的 FaaS 环境中运行，在前端通过标准的 POSIX API 进行调用，后端的存储系统则利用了缓存，专为云函数 FaaS 设计并提供服务。

除了 CFFS 之外，研究课题 Cloudburst 也是致力于解决 Serverless 中状态问题的项目。相比而言，Cloudburst 侧重于将 Serverless 应用在状态敏感、延时敏感的场景中，例如社交网络、游戏、机器学习预测等。

Cloudburst 主要基于 Python 环境，能够低延迟地获取共享可变状态。和 CFFS 类似，Cloudburst 也在函数执行器中利用数据缓存提升性能。但和 CFFS 不同的是，Cloudburst 可以保证因果一致性，以达到更好的性能。实验结果也表明了，Cloudburst 有很强的性能优势：在相同条件下，用了 DynamoDB 服务的 Lambda 函数约有 239 ms 的延迟，而用 Cloudburst 的延迟低于 10 ms。

15.2.3　Serverless 数据中心

另一个研究方向是 Serverless 数据中心。当我们思考服务器的组成时，一般会想到 CPU、内存，有时候还有 GPU 和硬盘这些基本硬件。而千千万万这些硬件组合在一起进行网络连接，就构成了数据中心。个人电脑、服务器集群等都是通过这样的方式构建的，如图 15-6 所示。

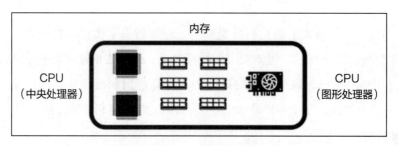

图 15-6　服务器的组成

但是从应用层的角度看，这样的组合方式并不是唯一的。所以有一种新的概念叫作分布式集群，是将同类型的硬件元素（如 CPU、内存）组合在一起，当用到对应的资源时，例如需要 GPU 加速，才会分配。同理，这种组合方式可以用在硬盘或者一些自定义的加速器上面。这个概念类似于将数据中心看作一台计算机，提升资源的利用率，如图 15-7 所示。

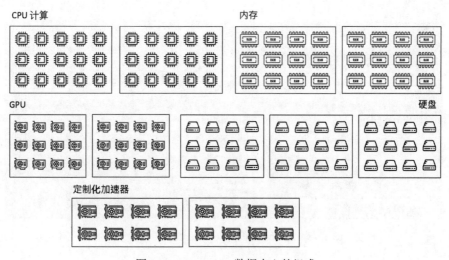

图 15-7　Serverless 数据中心的组成

针对计算机数据中心 Warehouse-scale computer 的硬件开发已经开始了，因此 Serverless 也应该考虑怎样适配和使用这种集群模式，而且这将对当前针对单机的应用开发模式做出改变。

15.3　Serverless 未来的发展趋势

早在 2009 年，加州大学伯克利分校就对云计算的未来做过一次预测。回看当时的分析，有些预测已经实现了，例如无限大的资源池、无须为前期使用付费等。同时，有一些预测并不那么准确，因为当时的研究者并没有意识到云计算将进入第二阶段，即 Serverless 阶段。因此，在十年后的 2019 年，加州大学伯克利分校重新发表了 Serverless 计算未来方向的预测。

1. 特定应用场景及通用场景将会成为使用 Serverless 计算的主流

如图 15-8 所示，在特定应用场景下，用户可以在弹性伸缩平台中实现特定的操作，例如写数据库、实时数据队列或者机器学习等。同时，用户的业务代码需要遵循平台限制，例如运行环境、运行时长、没有 GPU 加速等，当然这些限制也会随着技术成熟而逐步放宽，更好地支持场景。

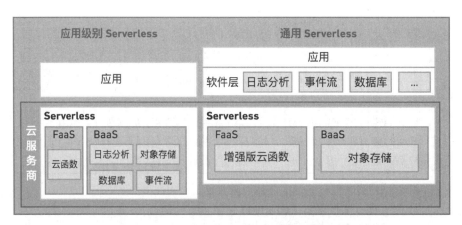

图 15-8　Serverless 的未来：更通用场景的支持

2. 更通用的 Serverless 架构

在这种场景下，用户的 FaaS 函数会被其他 BaaS 服务拓展，例如 Starburst、缓存等，并且有对象存储或文件存储用于长期存储状态信息。在此基础上，用户可以自定义一些软件服务，例如提供 SQL 的能力，并在上面运行相应的应用，从而实现流数据处理、机器学习等场景。

通用的 Serverless 能够支持任何应用场景，从底层架构来看，所有能运行在服务器上的场景都可以被视为通用 Serverless 场景支持。

3. 在成本上，未来的 Serverless 架构会比服务器更有竞争力

当前 Serverless 被诟病的一个问题是很多情况下依然比服务器贵。即使是现在，虽然 Serverless 架构的价格比服务器更贵一些，但用户使用 Serverless 架构，可以获得高可靠、弹性扩缩容等附加的平台能力。此外，Serverless 的计费模式更加精确，资源利用率也将逐步提升，确保做到真正的按需使用和付费。因此相比于预留资源，Serverless 架构在价格上会更有竞争力，更多人也会因此选择 Serverless 架构。

4. 云服务商会针对机器学习等场景做优化

云服务商会提供一些类似工作流调度、环境配置等能力来实现对场景的支持（例如预置内存）。通过这些上下游能力，也可以进一步提升通用场景的平台性能。

5. 各类硬件方面的发展和支持

当前云计算已经强依赖 x86 架构，但 Serverless 可以引入新的架构，让用户或云服务商自行选择合适的硬件处理任务，从而实现更高的利用率和更强的性能。

6. Serverless Web 框架

目前流行的 Web 框架还是面向传统的服务器部署方式，对 Serverless 架构还不够友好，未来面向 Serverless 的服务框架也会越来越多，而且会针对不同的服务压力对 API 进行函数粒度的拆分，针对 Serverless 架构会做出更多优化，这样基于事件触发的函数也不再需要将 API 网关触发事件 JSON 对象转化为 HTTP 请求的适配层了。

15.4　本章小结

当前，许多学界的研究课题已经和商业产品紧密结合并逐步落地，例如针对用户希望将自己熟悉的运维工具和函数平台集成的需求，AWS Lambda 开放了 Extension API 能力，提供了易于与用户自定义的监测、安全、监管等工具、服务集成的产品形态，并对 Lambda 的运行时生命周期做了进一步的规范定义。Extension 与生命周期深入集成，使得 Serverless 架构在可观测性、准确性、实时性等方面得到了更好的提升。

本章介绍了当前学术界对 Serverless 领域的研究趋势和方向，包括效率的提升（性能、可用性）、具体应用的抽象（如机器学习、数据处理等）和通用层面的抽象，并且针对一些亮点课题和成果进行了简要说明。由于 Serverless 被誉为"云计算的下一个十年"，因此本章解读了加州大学伯克利分校对 Serverless 计算在未来十年发展趋势的预测，包括特定场景的支持、更通用能力的提供、降低成本和硬件发展等。

Serverless 可能会改变我们对传统计算机的看法，这项技术进一步摆脱了本机硬件的限制，用户可以直接从云端获取无限的资源，随取随用。作为下一代的云计算平台，Serverless 的前景十分广阔，值得期待。